Office 高级应用项目式教程

主　编　严圣华　王　维　陈步云
副主编　傅俊哲　孙振华　李　伟
　　　　周　娟　孙振楠　周海燕
　　　　王艳萍

U0233316

北京理工大学出版社
BEIJING INSTITUTE OF TECHNOLOGY PRESS

内 容 简 介

本教材是一本针对 Windows 10 和 Office 2016 的综合教材,并且参考了国家计算机等级 MS Office 二级的知识点,旨在帮助读者全面了解和掌握计算机操作系统和办公软件的使用方法,顺利通过二级考试。

读者可以系统地学习 Windows 10 操作系统的基本介绍、安装和设置、文件管理、网络连接、系统维护等方面的知识,学会如何正确地操作 Windows 10 系统,提高工作和学习的效率。

此外,教材还包含了对 Office 2016 办公软件的全面介绍和操作指导,包括 Word、Excel、PowerPoint 等常用办公软件的使用方法,以及一些高级功能和技巧的介绍。读者将学会如何利用这些办公软件进行文档编辑、数据处理、演示制作等工作。

本教材采用简洁明了的语言,配有大量的实例和案例,帮助读者快速掌握 Windows 10 和 Office 2016 的使用技巧。无论是初学者还是有一定基础的读者,都能从本教材中获得实际的操作经验和应用能力。本书是参加二级 MS Office 高级应用考试者必备的参考教材,也可以作为大专院校非计算机专业的计算机入门参考书。

图书在版编目(CIP)数据

Office 高级应用项目式教程 / 严圣华,王维,陈步
云主编. -- 北京:北京理工大学出版社,2024.6(2024.7 重印)
ISBN 978 - 7 - 5763 - 3482 - 1

Ⅰ. ①O… Ⅱ. ①严… ②王… ③陈… Ⅲ. ①办公自
动化 – 应用软件 – 高等职业教育 – 教材 Ⅳ. ①TP317.1

中国国家版本馆 CIP 数据核字(2024)第 037004 号

责任编辑:王玲玲   **文案编辑**:王玲玲
责任校对:刘亚男   **责任印制**:施胜娟

出版发行 / 北京理工大学出版社有限责任公司
社　　址 / 北京市丰台区四合庄路 6 号
邮　　编 / 100070
电　　话 /(010)68914026(教材售后服务热线)
　　　　　　 (010)68944437(课件资源服务热线)
网　　址 / http://www.bitpress.com.cn

版 印 次 / 2024 年 7 月第 1 版第 2 次印刷
印　　刷 / 河北盛世彩捷印刷有限公司
开　　本 / 787 mm×1092 mm 1/16
印　　张 / 17
字　　数 / 376 千字
定　　价 / 56.00 元

前 言

在当今数字化时代，计算机操作系统和办公软件已成为人们生活和工作中不可或缺的一部分。掌握 Windows 10 和 Office 2016 的使用技巧，将为您的工作和学习带来便利和高效。

使用本教材，您将掌握 Windows 10 的基本操作、个性化设置、Windows 的账户与系统安全、病毒防治及防火墙的使用。

此外，本教材还全面介绍了 Office 2016 办公软件中的 Word 2016、Excel 2016、PowerPoint 2016 这 3 个常用办公软件的功能和操作技巧。本教材采用项目化案例式编写，您将学会：

（1）使用 Word 进行电脑小报制作、试卷编制、长文档处理、成批邀请函制作；

（2）使用 Excel 制作员工值班表、制作员工工作量统计表、制作并分析处理学生成绩表、制作并分析产品销售图表；

（3）使用 PowerPoint 制作大学生交通安全知识讲座 PPT、公司宣传 PPT、行销企划案，以及放映员工培训 PPT。

掌握 Office 2016 的使用技巧后，您将能够更加高效地完成各种工作任务。无论是撰写报告、制作表格还是进行演示，您都将能够轻松应对，展现出专业的职业素养。

我们整理了大量的练习和模拟软件，以方便您进行课后练习，巩固所学的知识，但限于教材篇幅，请通过网盘下载，链接：https://pan.baidu.com/s/1NVodPCfW9YGWOfc7cP3QJQ? pwd=2016，提取码：2016。此外，网盘中还有书中用到的素材、配套视频教程，以及 Office 二级考试的相关资料。

最后，感谢您选择本教材，希望本教材能够为您带来实际的帮助和指导，使您成为 Windows 10 和 Office 2016 的熟练使用者。

扫码领取资料

编　者

目 录

第一篇

Windows 10 操作系统

项目一

Windows 10操作系统基本操作

【项目介绍】

Windows 10 是由微软公司（Microsoft）开发的新一代操作系统，应用于 PC、平板电脑、手机等终端设备。由于界面美观、快速启动及拥有 Cortana 语音助手、平板模式、生物识别技术等，成为众多用户的首选操作系统。掌握 Windows 10 操作系统的基本操作，可以帮助用户更好地管理计算机的各种软、硬件资源。

【学习目标】

1. 了解 Windows 10 桌面和窗口的组成。
2. 掌握 Windows 10 的退出方法。
3. 了解睡眠和休眠的区别。
4. 掌握桌面的个性化设置的方法。
5. 掌握"开始"菜单的设置方法。
6. 掌握锁屏和屏幕保护的设置方法。

【素质目标】

1. 数字素养：通过 Windows 10 基本操作的学习，学生可以理解 Windows 10 环境中的基本概念，如任务栏、文件夹、文件夹路径等，以及如何在操作系统中进行文件管理。

2. 效率与组织能力：通过 Windows 10 基本操作的学习，学生学会合理地管理桌面、文件和文件夹，提高他们的工作效率与组织管理能力。

3. 团队协作与沟通能力：在学习 Windows 10 基本操作时，学生之间相互配合、沟通交流，解决问题，提高团队协作与沟通能力。

4. 自主学习和探索能力：在掌握 Windows 10 基本操作后，学生可以自主学习 Windows 10 的其他功能，如系统设置、应用管理等，提升自主学习和探索能力。

任务 1　Windows 10 桌面和窗口

Windows 桌面是用户与操作系统交互的主要界面，通过学习 Windows 10 桌面和窗口操作，用户可以高效地使用 Windows 10 操作系统，提高工作效率。

活动1　Windows 10 的桌面组成

进入 Windows 10 操作系统后，用户首先看到的就是 Windows 10 的桌面。用户的各种操作都是在桌面上完成的。如图 1 – 1 – 1 所示，Windows 10 的桌面组成元素主要包括桌面背景、桌面图标和任务栏等。

活动1　Windows 10 的桌面组成

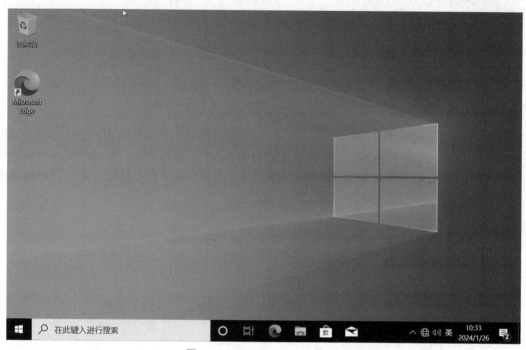

图 1 – 1 – 1　Windows 10 桌面

1. 桌面背景

桌面背景是指 Windows 桌面的背景图片，也称墙纸。桌面背景可以是图片、纯色或幻灯片放映图片。用户可以根据自己的喜好更改桌面背景。

2. 桌面图标

Windows 10 操作系统中，所有的文件、文件夹和应用程序等都用相应的图标表示。桌面图标一般由图片和文字组成，图片是它的标识，文字说明图标的名称或功能。新安装的系统桌面中只有一个"回收站"图标。

用户双击桌面上的图标，可以快速地打开相应的文件、文件夹或者应用程序。双击桌面上的"回收站"图标，如图 1 – 1 – 2 所示，即可打开"回收站"窗口。

3. 任务栏

任务栏是位于桌面的最底部的长条，显示系统正在运行的程序、当前时间等，如图 1 – 1 – 3 所示。任务栏从左到右依次是"开始"按钮、搜索框、任务视图、应用程序区、通知区域和"显示桌面"按钮。和以前的操作系统相比，Windows 10 中的任务栏设计得更加人性化，使用更加灵活方便，功能更强大。用户可以通过任务栏在不同的窗口之间进行切换操作。

图 1 – 1 – 2　"回收站"窗口

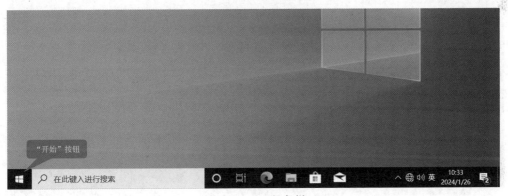

图 1 – 1 – 3　任务栏

（1）"开始"按钮

单击任务栏左侧的"开始"按钮，即可打开"开始"菜单，左侧依次为电源按钮、设置按钮、用户账户头像、应用程序等，右侧为"开始"屏幕。

（2）搜索框

在 Windows 10 中，搜索框和 Cortana 智能助手高度集成，在搜索框中直接输入关键词，即可搜索相关的应用程序、网页、文件资料等。如图 1 – 1 – 4 所示，在搜索框中输入"画图"，可以快速搜索到该应用程序。

（3）通知区域

通知区域位于任务栏的右侧。它包含一些程序图标，这些程序图标提供有关传入的邮件、更新、网络连接等事项的状态和通知。通知区域除了已有图标外，某些程序在启动后会将图标添加到通知区域，用户可以通过拖曳图标来更改图标在通知区域中的顺序和位置。

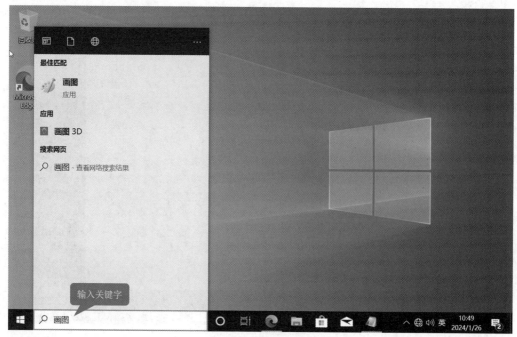

图 1 – 1 – 4　搜索框

　　Windows 10 操作系统中增加了操作中心，位于通知区域的最右侧，如图 1 – 1 – 5 所示。它由通知和快捷按钮两部分组成，可以提供通知信息及通过按钮实现快捷操作。

图 1 – 1 – 5　操作中心

　　除了通过单击通知区域的按钮打开操作中心外，用户还可以通过按 "Windows + A" 组合键快速打开操作中心。

做一做

请同学们使用任务栏中的搜索框搜索一些应用程序，并打开它们。

活动 2　Windows 10 的窗口操作

活动 2　Windows 10
的窗口操作

窗口是桌面上与应用程序相对应的工作区域，是用户操作该应用程序的可视界面。不同的窗口包含的内容各不相同，但其组成结构基本相似。图 1-1-6 所示是"此电脑"窗口，该窗口主要由标题栏、快速访问工具栏、功能区、地址栏、搜索框、导航窗格、工作区和状态栏等部分组成。

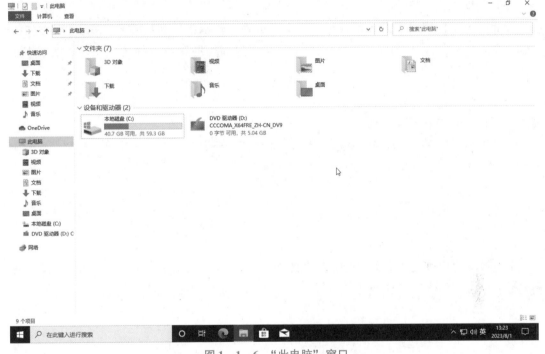

图 1-1-6　"此电脑"窗口

1. 窗口组成

（1）标题栏

标题栏位于窗口的最上方，显示了当前的目录位置或名称。标题栏右侧分别为"最小化""最大化/还原""关闭"3 个按钮，单击相应的按钮可以执行相应的窗口操作。

（2）快速访问工具栏

快速访问工具栏位于标题栏的左侧，显示了当前窗口图标和查看属性、新建文件夹、自定义快速访问工具栏 3 个按钮。

如图 1-1-7 所示，单击"自定义快速访问工具栏"按钮，弹出下拉列表，用户可以勾选列表中的功能选项，将其添加到快速访问工具栏中。

图 1 - 1 - 7　添加到快速访问工具栏

（3）功能区

功能区位于标题栏下方，该区包含若干个选项卡。双击任意功能区名称，可快速展开或隐藏功能区。如图 1 - 1 - 8 所示，选项卡下分门别类地存放各种选项命令，方便用户操作。

图 1 - 1 - 8　功能区

（4）地址栏

地址栏主要反映文件或文件夹所在的路径。如图 1 - 1 - 9 所示，在地址栏中直接输入路径地址，单击"转到"按钮或按"Enter"键，可以快速到达要访问的位置。

图 1 - 1 - 9　地址栏

（5）搜索框

搜索框位于地址栏的右侧，通过在搜索框中输入要查看信息的关键字，可以快速查找当前目录中相关的文件、文件夹。

（6）导航窗格

导航窗格位于窗口左侧，导航窗格增加了用户文件管理操作效率，其包含快速访问、OneDrive、此电脑、网络等，用户可以通过左侧的导航窗格，快速进入相应的目录。另外，用户也可以单击每个选项前的"箭头"按钮，显示或隐藏详细的子目录。

（7）工作区

工作区位于导航窗格右侧，是显示当前目录的内容的区域。

（8）状态栏

状态栏位于导航窗格下方，不仅会显示当前目录窗口的相关信息，也会根据用户选择的对象显示其状态信息。

2. 窗口操作

在 Windows 10 操作系统下，用户对窗口的常见操作有打开/关闭窗口、移动窗口、调整窗口大小。同时，当桌面窗口较多时，还可以进行排列窗口、切换窗口等操作。下面重点介绍 Windows 10 操作系统下窗口操作的一些技巧。

（1）快速切换窗口

在 Windows 10 操作系统下，可以同时打开多个窗口，但是当前活动窗口只能有一个。除了在任务栏中选择相应的程序来切换窗口外，还可以通过键盘组合键来实现窗口的快速切换。

使用"Alt + Tab"组合键。若想在多程序窗口中快速切换，可以按住"Alt + Tab"组合键，这时会在桌面中间显示预览小窗口，如图 1 – 1 – 10 所示，此时按"Tab"键，选择所需窗口后松开按键，即可实现窗口快速切换。

图 1 – 1 – 10 预览小窗口

使用"Windows + Tab"组合键。使用该组合键可以打开任务视图，在此视图下可预览所有打开的窗口，如图 1 – 1 – 11 所示，再使用鼠标选择要打开的程序窗口，可快速切换至该窗口。

使用"Alt + Esc"组合键。使用该组合键可在窗口之间快速切换，并且不会出现预览小窗口。但是使用时必须保证窗口不是最小化的状态，否则无法切换该窗口。

图 1 − 1 − 11　任务视图

（2）多窗口分屏显示

当同时运行多个任务时，需要把几个窗口同时显示在屏幕上，这样操作起来比较方便，而且可以避免频繁切换窗口的麻烦。在 Windows 10 操作系统下，可以轻松实现，具体操作如下。

按住鼠标左键拖动窗口到屏幕左边缘或右边缘，直到鼠标指针接触屏幕边缘，此时会看到一个虚化显示大小为 1/2 屏的半透明窗口，如图 1 − 1 − 12 所示。

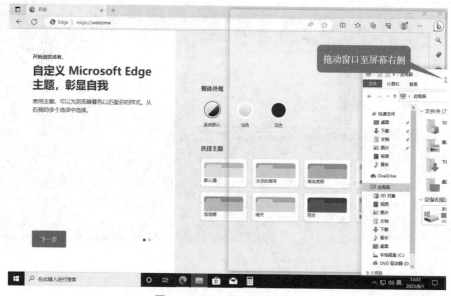

图 1 − 1 − 12　窗口分屏显示

松开鼠标左键，当前窗口就会 1/2 屏显示了。同时，其他窗口会在另半侧屏幕显示缩略小窗口，如图 1 − 1 − 13 所示。单击想要在另 1/2 屏显示的窗口，它就会在另一侧屏幕 1/2 屏显示了，如图 1 − 1 − 14 所示。

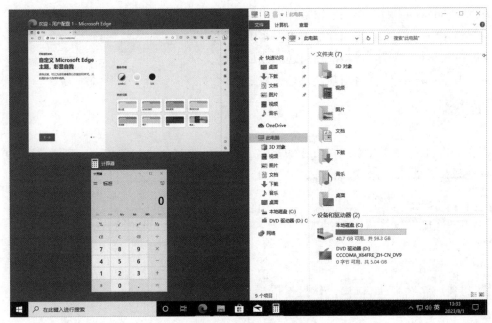

图 1 - 1 - 13　窗口分屏

如果把光标移动到两个窗口的交界处，如图 1 - 1 - 14 所示，会显示一个可以左右拖动的双箭头，拖动该双箭头就可以调整左右两个窗口所占屏幕的宽度。

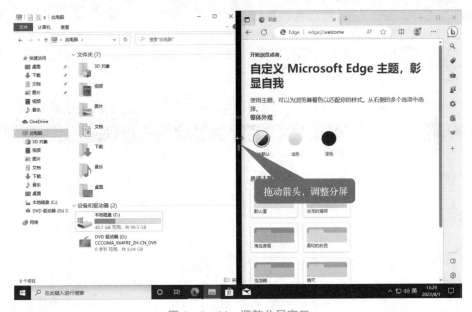

图 1 - 1 - 14　调整分屏窗口

如果将窗口拖动到屏幕任意一角，直到鼠标指针接触屏幕的一角，松开鼠标，可将该窗口 1/4 屏显示。

小技巧：

可以使用 "Windows + 方向键"，实现当前窗口大小和位置的快速设置。

> ➢ "Windows + →"：将当前窗口靠右半屏显示。
> ➢ "Windows + ←"：将当前窗口靠左半屏显示。
> ➢ "Windows + ↑"：将当前窗口还原或最大化。
> ➢ "Windows + ↓"：将当前窗口还原或最小化。

练一练

在 Windows 10 操作系统下打开四个以上窗口，尝试快速切换窗口，并将任意四个窗口进行如图 1-1-15 所示分布。

图 1-1-15　窗口分布

想一想

关于窗口的操作，还有哪些小技巧？请尝试操作。

活动 3　**Windows 10 的退出**

1. 关机和重启

要完成关机或重启操作，主要有 3 种方法，下面以关机操作为例介绍这 3 种方法：

活动 3　Windows 10 的退出

> ➢ 单击"开始"按钮，依次单击"电源"→"关机"命令，如图 1-1-16 所示。

➤ 右击"开始"按钮或使用"Windows + X"组合键，依次单击"关机或注销"→"关机"命令，如图 1 − 1 − 17 所示。

图 1 − 1 − 16　关机操作方法一　　　　图 1 − 1 − 17　关机操作方法二

➤ 在桌面下，按"Alt + F4"组合键，在弹出的窗口中选择"关机"选项。

2. 睡眠

睡眠模式下电脑保持开机状态，但耗电较少，电脑上的所有操作都已停止，用户打开的文档和应用程序都被放入了内存。用户在唤醒电脑后，可以立即恢复正常操作。当用户短时间离开电脑时，可以使用睡眠模式。

3. 休眠

休眠模式会关闭电脑，但用户打开的文档和应用程序都被放入了内存。当重新开机后，电脑将恢复到休眠之前的状态。当电脑长时间不使用时，可使用休眠模式。该模式适合笔记本电脑。

进入睡眠或休眠模式都是通过单击"开始"按钮，选择"电源"→"睡眠"或"休眠"命令来实现的。但 Windows 10 操作系统默认没有开启"休眠"模式，需要用户手动开启。具体操作如下：

➤ 单击"开始"按钮，单击"设置"按钮打开设置界面，依次选择"系统"→"电源和睡眠"→"其他电源设置"，如图 1 − 1 − 18 所示，打开"电源选项"窗口。

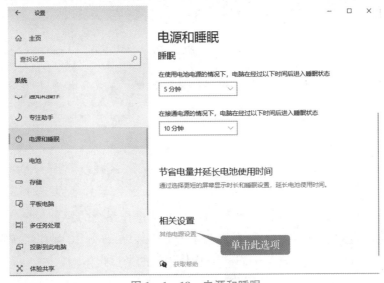

图 1 − 1 − 18　电源和睡眠

➢ 在"电源选项"窗口中，单击左侧的"选择电源按钮的功能"选项，在打开的窗口中，选择"更改当前不可用的设置"，找到"关机设置"选项，勾选"休眠"复选框，如图 1－1－19 所示，然后单击"保存更改"按钮完成设置。

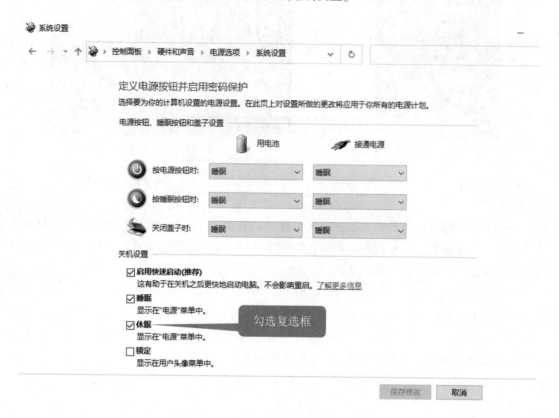

图 1－1－19 勾选"休眠"复选框

用户还可以根据自己的偏好打开设置窗口，依次选择"系统"→"电源和睡眠"，在窗口中设置自动休眠时间，达到节能环保的目的。

 做一做

在 Windows 10 操作系统下，设置电脑睡眠和休眠，从实际操作中了解两者之间的区别。

任务 2 个性化设置 Windows 10 操作系统

Windows 10 操作系统个性化设置允许用户自定义操作系统的背景、颜色、主题及锁屏界面等外观方面的选项。通过个性化设置，用户可以将 Windows 10 操作系统调整为适合个人喜好和使用习惯的模式，提升 Windows 10 操作系统的个性化体验。

活动1　桌面的个性化设置

Windows 10 的桌面、主题、开始屏幕、颜色、任务栏、锁屏等个性化设置均可以在"个性化"窗口中进行设置，如图 1 – 1 – 20 所示，打开"个性化"设置窗口的方法有：

活动1　桌面的
个性化设置

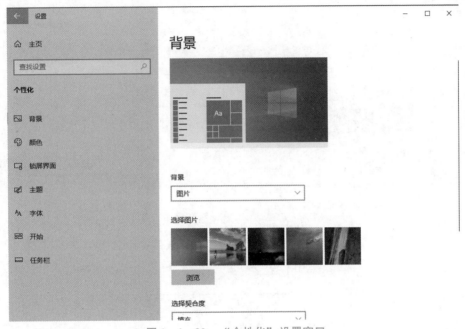

图 1 – 1 – 20　"个性化"设置窗口

方法1：在桌面空白处右击，在弹出的快捷菜单中单击"个性化"命令，进入"个性化"设置界面。

方法2：单击"开始"按钮，单击"开始"菜单左侧的"设置"按钮，在打开的设置窗口中单击"个性化"命令进入"个性化"设置界面。

1. 桌面图标的设置

（1）添加系统图标

新安装的 Windows 10 桌面中只有一个"回收站"图标。为了方便操作，用户可以在桌面添加"计算机""网络""用户的文档"等图标。

打开"个性化"设置窗口，依次选择"主题"→"桌面图标设置"，打开"桌面图标设置"窗口，如图 1 – 1 – 21 所示，在该窗口中选择需要在桌面显示的桌面图标，单击"确定"按钮即可。

（2）设置桌面图标的大小与排列

设置桌面图标大小

在桌面空白处右击，在弹出的快捷菜单中选择"查看"菜单，其子菜单中有 3 种图标大小设置选项，如图 1 – 1 – 22 所示，分别是大图标、中等图标和小图标。选择相应的菜单命令，即可调整桌面图标大小。

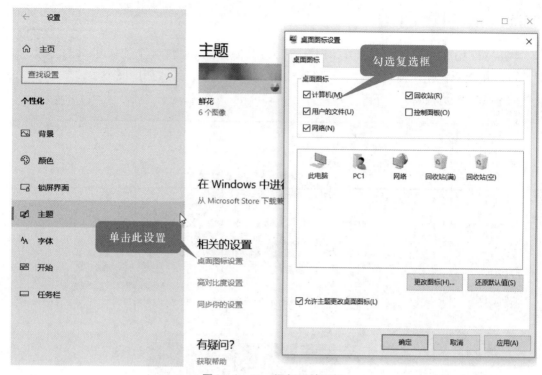

图 1 – 1 – 21　添加系统图标

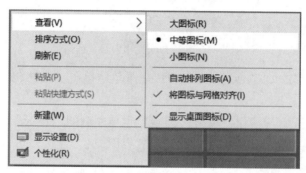

图 1 – 1 – 22　设置桌面图标大小

【小技巧】

➢ 快速调整图标大小：在桌面下，按住"Ctrl"键不放，滚动鼠标滚轮键，可快速调整图标大小：向上滚动，放大图标；向下滚动，缩小图标（在其他系统窗口下，也可以进行类似操作）。

➢ 显示/隐藏桌面图标：在桌面空白处右击，在弹出快捷菜单中选择"查看"→"显示桌面图标"命令，可以设置桌面图标的显示与隐藏。

设置桌面图标排序方式

在桌面空白处右击，在弹出的快捷菜单中选择"排序方式"菜单命令，其子菜单中有4种排序方式，如图1 – 1 – 23所示，分别是名称、大小、项目类型、修改日期。选择相应的菜单命令，即可对图标进行排序。

2. 桌面背景的设置

Windows 10 桌面背景默认为"图片"形式。除了可以使用"图片"形式外，还可以使用"纯色"和"幻灯片放映"两种形式的桌面背景。如图 1 - 1 - 24 所示，打开设置窗口，依次选择"个性化"→"背景"，在窗口中选择需要的背景图片，再选择契合度，即可完成桌面背景的设置。在该窗口中可以查看预览效果。

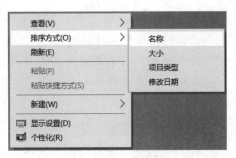

图 1 - 1 - 23　图标排序

图 1 - 1 - 24　桌面背景的设置

做一做

1. 为 Windows 10 添加"此电脑""网络"和"控制面板"图标，并更改图标大小。
2. 根据自己的喜好，设置 Windows 10 的桌面背景。

活动 2　设置锁屏及屏幕保护程序

在 Windows 10 操作系统中，开机后进入的第一个画面就是锁屏界面（需要密码登录的情况下）。用户可以使用"Windows + L"组合键快速锁定 Windows 系统，进入锁屏界面。在锁屏界面单击鼠标或按键盘上的任意

活动 2　设置锁屏及屏幕保护程序

键，退出锁屏并进入登录界面，输入密码即可进入操作系统。

屏幕保护程序是对计算机长时间没有任务操作而启动的一个保护程序。将锁屏和屏幕保护程序配合使用，当用户短时间离开计算机，在忘记手动锁屏的情况下，可以实现自动锁屏，保证用户的系统及数据安全。

1. 设置锁屏界面

(1) 设置锁屏背景

打开"个性化"设置窗口，选择"锁屏界面"选项，在锁屏界面，用户可以根据自己的喜好调整锁屏设置，如图 1 – 1 – 25 所示，背景可以选择"Windows 聚焦""图片"和"幻灯片放映"三种形式。

图 1 – 1 – 25　设置锁屏界面

➢ Windows 聚焦：Windows 聚焦不仅可以每天更新拍摄自全球各地的新图像（需要联网），还可以显示有关充分利用 Windows 的提示和技巧。

➢ 图片：可以选择系统图片或自己喜欢的图片作为锁屏背景。

➢ 幻灯片放映：可以选择系统自带图片文件夹或自定义文件夹作为锁屏背景，可实现锁屏下自动切换背景图片。

(2) 设置锁屏通知

在 Windows 10 锁屏界面，可以选择详细信息和快速状态通知的任意组合，显示相关应用程序信息或通知。如图 1 – 1 – 26 所示，设置日历为锁屏界面上显示详细状态的应用，其他为快速状态的应用，这样屏幕将向你显示日历中记录的即将发生的事件、社交网络更新以及其他应用和系统通知。

图 1 - 1 - 26 设置锁屏通知

2. 设置屏幕保护程序

在"个性化"设置窗口锁屏界面下，单击"屏幕保护程序设置"链接，打开"屏幕保护程序"窗口，如图 1 - 1 - 27 所示。在该窗口中设置屏幕保护程序，可选择所需要的屏幕保护程序，并设置等待时间即可。

图 1 - 1 - 27 "屏幕保护程序设置"窗口

选中"在恢复时显示登录屏幕"复选项，Windows 10 从屏幕保护程序中退出后，进入的是登录屏幕，而不是直接进入系统，增加了系统安全性。

做一做

1. 为 Windows 10 设置锁屏界面、设置图片背景，并添加相关应用的锁屏通知。
2. 为 Windows 10 设置屏幕保护程序，并测试退出屏幕保护程序时是否显示登录屏幕。

活动 3　设置"开始"菜单

活动 3　设置"开始"菜单

在 Windows 10 操作系统中，经典的"开始"菜单重新回归，但其界面经过了全新的设计，既包含 Windows 7 操作系统的"开始"菜单，又集成了 Windows 8 操作系统中的"开始"屏幕，极大地方便了用户的操作。

1. 认识"开始"菜单

如图 1－1－28 所示，Windows 10 "开始"菜单左侧为"电源""设置""用户"等快捷按钮；中间为应用程序列表，列表中包含"最近添加"的和"最常用"的应用程序，方便用户快速打开所需的应用程序；最右侧为"开始"屏幕，包含应用程序的磁贴，更易于在平板电脑或混合动力等触摸屏设备上使用。

图 1－1－28　"开始"菜单

关于"开始"菜单的设置，均在"设置"→"个性化"→"开始"选项下进行。

2. "开始"菜单和"开始"屏幕的切换

Windows 10 操作系统默认使用的是"开始"菜单。如果要切换到"开始"屏幕，打开设置窗口，依次选择"个性化"→"开始"。在窗口中，将"使用全屏'开始'屏幕"开关设置为开，如图 1－1－29 所示，就可以将"开始"菜单替换为"开始"屏幕。

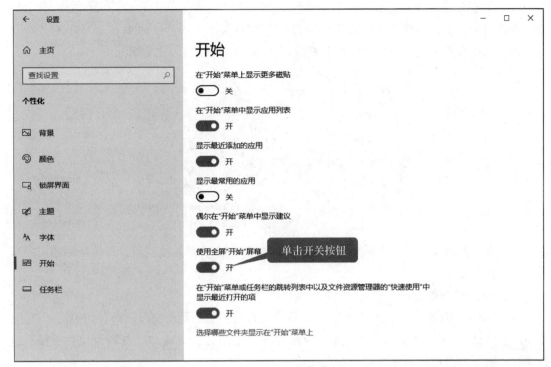

图 1 – 1 – 29　开始菜单设置

3. 自定义"开始"屏幕

（1）添加和删除磁贴

打开"开始"菜单，选择需要固定在"开始"屏幕的应用，右击，如图 1 – 1 – 30 所示，在弹出的快捷菜单命令中选择"固定到'开始'屏幕"，即可添加该程序至"开始"屏幕。

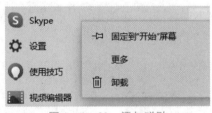

图 1 – 1 – 30　添加磁贴

如果要从"开始"屏幕删除磁贴，在该磁贴上右击，在弹出的快捷菜单命令中选择"从'开始'屏幕取消固定"即可，如图 1 – 1 – 31 所示。

图 1 – 1 – 31　删除磁贴

（2）调整磁贴大小和位置

在磁贴上右击，在弹出的快捷菜单中选择"调整大小"命令，在其子菜单中有 4 种显示方式，选择合适的大小选项，即可调整磁贴大小，如图 1 - 1 - 32 所示。

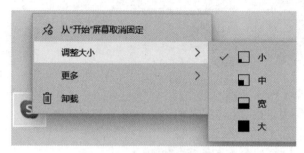

图 1 - 1 - 32 调整磁贴大小

按住鼠标左键不放，选中磁贴，移动光标，将磁贴拖动到其他位置，释放鼠标即可完成磁贴的位置调整。

（3）设置动态磁贴

在 Windows 10 操作系统的"开始"屏幕中，有一些磁贴是动态显示的，如天气、日历、相册等。如图 1 - 1 - 33 所示，"天气"应用程序，左侧为正常磁贴，右侧为动态磁贴，这样用户不需要打开应用程序即可查看天气信息。

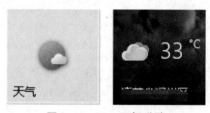

图 1 - 1 - 33 天气磁贴

具体设置方法为：在该磁贴上右击，在弹出的快捷菜单中依次选择"更多"→"打开动态磁贴"命令，如图 1 - 1 - 34 所示。

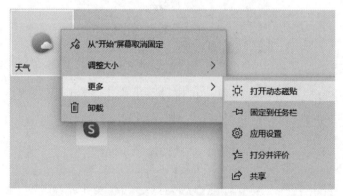

图 1 - 1 - 34 设置动态磁贴

（4）调整"开始"屏幕大小

如果要调整"开始"屏幕大小，只需将光标放在"开始"屏幕的右边缘或上边缘上，待光标变成"↔"或"↕"时，拖动光标调整其横向和纵向的大小。也可以将光标放在"开始"屏幕边缘的右上角，待光标变成箭头光标时，调整"开始"屏幕大小。

 做一做

> 为 Windows 10 "开始"屏幕添加日历、图片、天气等应用程序磁贴，调整磁贴大小和位置，并开启动态磁贴。

项目二

Windows 10账户与系统安全

【项目介绍】

Windows 10 操作系统支持多用户操作，多人使用电脑时，可以分别为这些用户设置各自的用户账户，每个用户使用自己的账户登录 Windows 10 操作系统，使用时相对独立、互不影响。Windows 10 操作系统中提供了两种账户类型供用户选择，分别是本地账户和 Microsoft 账户。同时，Windows 10 操作系统集成了 Windows 安全中心，为系统提供病毒保护、账户保护、应用控制等，极大地提高了系统的安全性。通过本项目的学习，用户可以掌握 Windows 账户和系统安全设置，保证 Windows 10 日常使用的安全性。

【学习目标】

1. 了解 Microsoft 账户的作用。
2. 掌握本地账户的设置方法。
3. 掌握 Microsoft 账户的设置与应用。
4. 了解 Windows 10 安全中心的作用。
5. 掌握 Windows 10 病毒和威胁防护的使用。
6. 掌握 Windows 10 防火墙的使用。

【素质目标】

1. 数字素养：通过 Windows 10 账户与系统安全的学习，学生理解账户的概念，能够管理不同应用和服务的登录信息，提高在数字环境中安全和有序地管理个人信息的能力。

2. 信息安全意识：通过 Windows 10 账户与系统安全的学习，学生能够了解账户安全的重要性，学会设置强密码并定期更改，了解如何保护设备和数据，从而培养信息安全的敏感性和意识。

3. 团队协作与沟通能力：Windows 10 安全设置的学习需要与同学分享设置方面的建议，团队成员之间互相配合、沟通交流，提高团队协作和沟通的能力。

4. 社会责任感：学生理解在数字世界中保护个人信息的重要性，培养对数字社会责任的认识。

任务 1 Windows 10 账户设置

通过 Windows 10 账户设置，允许用户管理登录到操作系统的方式，设置与个人信息相关的选项，Windows 10 账户分为本地账户和 Microsoft 账户。

活动 1 设置本地账户

在 Windows 10 安装时，会让用户输入"用户名"和"密码"，这就是本地账户。可以手动添加、删除、重命名账户，也可以为账户设置登录密码、管理员权限等。

活动 1 设置本地账户

1. 查看本地用户

打开"计算机管理"窗口，在窗口中依次选择"系统工具"→"本地用户和组"→"用户"，可以查看本地用户，如图 1 - 2 - 1 所示。

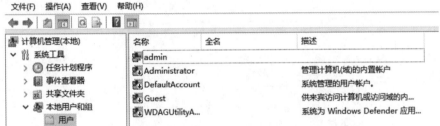

图 1 - 2 - 1 查看本地用户

打开"计算机管理"窗口的方法有：

➤ 右击"此电脑"图标，在弹出快捷菜单中选择"管理"。

➤ 右击"开始"按钮或按"Windows + X"组合键，在弹出的快捷菜单中选择"计算机管理"。

如图 1 - 2 - 1 所示，用户名称前的图标有向下箭头标志，表示该用户被禁用。可以在用户属性设置界面取消"账户已禁用"，如图 1 - 2 - 2 所示。但为了保证系统安全，建议对 Administrator 和 Guest 用户保持禁用属性。

2. 添加、重命名、删除用户

添加、重命名、删除用户，打开"计算机管理"窗口，在"系统工具"→"本地用户和组"→"用户"下进行操作。

（1）添加新用户

在"用户"窗口空白处右击，在弹出的快捷菜单中选择"新用户"命令，打开"新用户"对话框，如图 1 - 2 - 3 所示，输入相关信息即可。

（2）重命名用户

在"用户"窗口中，右击相应用户，在弹出的快捷菜单中选择"重命名"命令，即可重命名该用户。如果该用户是当前登录用户，需要注销后才能生效。

图 1-2-2 设置 Administrator 属性

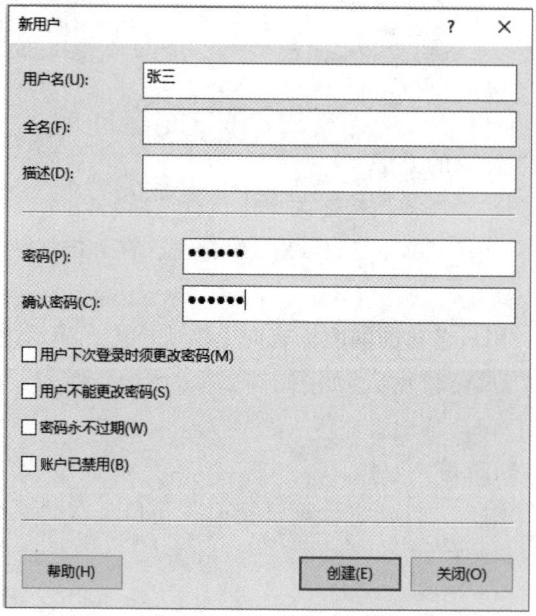

图 1-2-3 添加新用户

（3）删除用户

在"用户"窗口中，右击相应用户，在弹出的快捷菜单中选择"删除"命令，即可删除该用户。如果该用户是当前登录用户，建议不要删除，否则，会导致用户的系统配置及数据丢失。

3. 更改账户类型

新创建的用户默认类型为普通账户，即标准账户，此类账户可以正常使用应用程序，但是不能更改电脑的安全性的系统设置，如图 1 - 2 - 4 所示。如果该账户想修改系统关键配置，必须要将账户类型改成"管理员"，操作如下：

图 1 - 2 - 4　更改账户类型

在任务栏的搜索框中输入"控制面板"并打开"控制面板"窗口，选择"用户账户"→"更改账户类型"，在打开的对话框中选择要更改的用户，进入更改账户窗口，如图 1 - 2 - 5 所示。单击左侧的"更改账户类型"链接，进入如图 1 - 2 - 4 所示界面，将账户类型更改成"管理员"即可。

图 1 - 2 - 5　更改账户窗口

除了上述方法外，也可以打开"计算机管理"窗口，在"系统工具"→"本地用户和组"→"用户"下更改用户的账户类型。具体方法为：

➢ 右击要更改账户类型的用户名，在弹出的快捷菜单中选择"属性"命令，打开用户属性对话框。

➢ 在对话框中选择"隶属于"选项卡，单击"添加"按钮，在弹出的对话框中，输入"Administrators"，单击"检查名称"按钮，确认输入的组名无误，如图 1 - 2 - 6 所示，单击"确定"按钮即可。

说明：

Administrators 为管理员组，它管理计算机有不受限制的完全访问权。将用户加入该组，即拥有管理员权限。

 做一做

为 Windows 10 操作系统添加用户 user1，为该用户设置密码，并设置其账户类型为管理员。

图 1 - 2 - 6　加入 Administrators 组

活动 2　设置 Microsoft 账户

在 Windows 10 操作系统中集成了很多 Microsoft 应用服务，如邮件、Office 365、OneDrive、Skype、Xbox 等，用户需要使用 Microsoft 账户才能使用。登录到 Microsoft 账户后，还可以在多个 Windows 10 设备上同步设置内容。

活动 2　设置
Microsoft 账户

1. 登录 Microsoft 账户

单击"开始"按钮，在"开始"菜单中单击"设置"按钮，打开 Windows 设置界面。选择"账户"→"账户信息"，在窗口中选择"改用 Microsoft 账户登录"链接，如图 1 - 2 - 7 所示，进入"Microsoft 账户"登录界面。

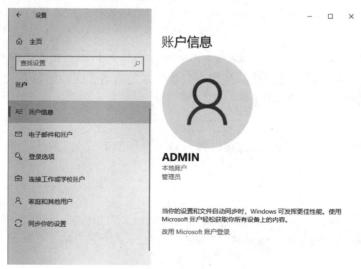

图 1 - 2 - 7　账户信息

在"Microsoft 账户"登录界面，如图 1 - 2 - 8 所示，输入已有的 Microsoft 账户，单击"下一步"按钮，如图 1 - 2 - 9 所示，输入 Microsoft 账户密码，单击"登录"按钮。登录成功后，需要输入本地账户密码，如果该用户没有设置密码，直接单击"下一步"按钮，进入"设置 PIN 码"窗口，设置 PIN 码并完成 Microsoft 账户登录。

图 1 - 2 - 8　输入 Microsoft 账户

图 1 - 2 - 9　输入账户密码

说明：

①建议不要使用 Administrator 与 Microsoft 账户绑定，绑定后无法取消。可以在 Windows 10 中新建一个本地管理员账户与 Microsoft 账户绑定。

②如果没有 Microsoft 账户，如图 1 - 2 - 8 所示，可以单击"没有账户？创建一个！"链接，根据提示注册 Microsoft 账户。

完成 Microsoft 账户登录后，返回"账户"设置界面，即可看到当前为 Microsoft 账户登录，不再显示本地账户登录。如图 1 - 2 - 10 所示，如果想改回本地账户登录，可单击"改用本地账户登录"链接，根据提示完成即可。

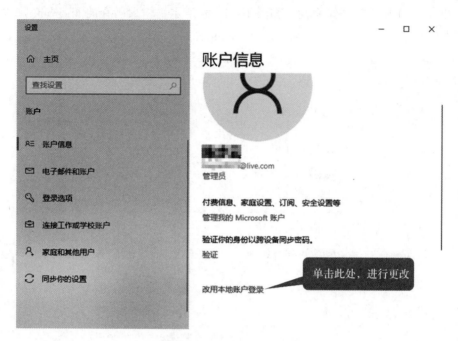

图 1 – 2 – 10　更改本地账户登录

使用 Microsoft 账户登录后，用户可以同步系统设置。系统应用如邮件、日历、Microsoft Edge 等，也可以使用 Microsoft 账户登录查看和同步信息，如图 1 – 2 – 11 所示。

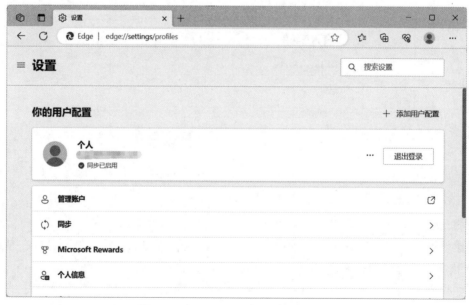

图 1 – 2 – 11　Microsoft 账户同步信息

2. 设置登录选项

使用 Microsoft 账户登录系统后，用户在开机进入 Windows 10 系统时，需要输入 Microsoft 账户密码。由于 Microsoft 账户密码的复杂性要求，每次输入密码都比较烦琐。可以通过

"登录选项"进行设置，如图 1 – 2 – 12 所示，使用其他的密码验证方式进入系统。这里主要介绍 PIN 码的使用。

图 1 – 2 – 12　登录选项

PIN 码是为了方便移动、手持等设备登录、验证身份的一种密码措施。设置 PIN 码后，再次登录系统时，只要输入正确的密码，不需要按"Enter"键或单击鼠标，即可快速登录系统。也可以通过 PIN 码完成付款及连接到应用和服务。

用户在登录 Microsoft 账户时，已经根据提示完成 PIN 码的设置。如果没有设置，可以在"设置"→"账户"→"登录选项"窗口下设置。如图 1 – 2 – 12 所示，选择右侧"Windows Hello PIN"选项，单击"添加"按钮，在弹出的对话框中输入 PIN 码，如图 1 – 2 – 13 所示，即可完成设置。

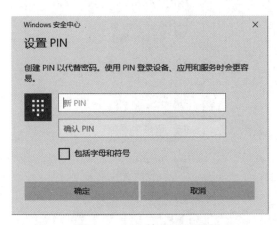

图 1 – 2 – 13　输入 PIN 码

做一做

为 Windows 10 操作系统的本地用户 user1 添加 Microsoft 账户，若没有 Microsoft 账户，则创建一个。

任务 2　Windows 10 系统安全

使用 Windows 10 操作系统，用户不仅能够体验到最新技术和功能，也能享受到微软提供的强大安全保障。Windows 10 所提供的安全保障中，包含了设备、威胁、身份以及信息等多个维度。以 Windows 10 内置的 Microsoft Defender 防病毒为例，这是一款为设备提供全面、持续和实时保护的软件，能够有效地帮助用户抵御电子邮件、应用、云和 Web 上的病毒、恶意软件和间谍软件等威胁。

活动 1　认识 Windows 10 安全中心

单击"开始"按钮，在"开始"菜单中单击"设置"按钮，打开"设置"窗口，依次选择"更新和安全"→"Windows 安全中心"，如图 1-2-14 所示，在窗口中单击"打开 Windows 安全中心"按钮，可打开 Windows 安全中心窗口。Windows 安全中心提供了多种选项来为用户提供在线保护、维护设备运行状况、运行定期扫描、管理威胁防护等设置，以保证设备安全性。

活动 1　认识 Windows 10 安全中心

图 1-2-14　Windows 安全中心

1. 病毒和威胁防护

在"Windows 安全中心"中单击"病毒和威胁防护"选项，打开"'病毒和威胁防护'设置"窗口，在此窗口下，用户可以通过 Microsoft Defender 防病毒软件完成威胁扫描、"病毒和威胁防护"设置、保护更新、勒索软件防护等功能。

（1）威胁扫描

Microsoft Defender 防病毒软件提供了 4 种扫描选项：快速扫描、完全扫描、自定义扫描和 Microsoft Defender 脱机版扫描。用户可以选择合适的扫描选项来扫描文件、修正威胁，并将检测到的威胁显示在 Windows 安全中心应用中，供用户查看。

（2）"病毒和威胁防护"设置

通过"病毒和威胁防护"设置，如图 1 - 2 - 15 所示，用户可以选择是否开启"实时保护"和"云提供的保护"，来打开或关闭 Microsoft Defender 防病毒软件。"自动提交样本"可以向 Microsoft 威胁示例文件，以帮助他人免受威胁。建议用户使用 Windows 10 操作系统时，开启 Microsoft Defender 防病毒，以保护计算机免受病毒威胁。

图 1 - 2 - 15　病毒和威胁防护设置

（3）保护更新

Microsoft Defender 防病毒软件使用安全智能来检测威胁，系统将自动下载更新，以保护设备免受最新威胁的侵害，用户也可以通过手动检查更新。

（4）勒索软件防护

Microsoft Defender 防病毒软件通过"勒索软件防护"保护用户有价值的数据免受恶意应用和威胁（如勒索软件）的侵害。在"病毒和威胁防护"窗口中单击"管理勒索软件保护"链接，进入如图 1 - 2 - 16 所示设置界面。在该界面下，用户可以查看阻止历史记录，也可以单击"受保护的文件夹"链接，添加个人文件夹，保证个人数据安全。

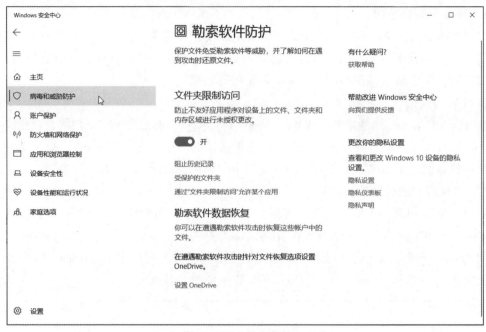

图 1-2-16　勒索软件防护设置界面

2. 账户保护

Windows 10 操作系统对口令策略、虹膜或指纹等生物特性，以及数字证书身份验证均有着很好的支持。其中，微软推出的 Windows Hello 不仅支持人脸及指纹识别，还可借助智能手环、智能手表、手机及其他配套设备来完成对电脑的解锁。用户可以在"账户保护"窗口中单击"管理登录选项"链接，打开"登录选项"进行设置，如图 1-2-17 所示。

图 1-2-17　账户保护设置

3. 防火墙和网络防护

Windows 10 操作系统通过防火墙对应用程序联网进行控制，以保证系统的网络安全。在 Windows 安全中心窗口选择"防火墙和网络保护"选项，打开"防火墙和网络保护"窗口。如图 1-2-18 所示，Windows Defender 防火墙提供了 3 种网络配置文件的防火墙，分别是域网络、专用网络和公用网络，用户可以根据自己的网络配置文件类型选择开启何种防火墙。

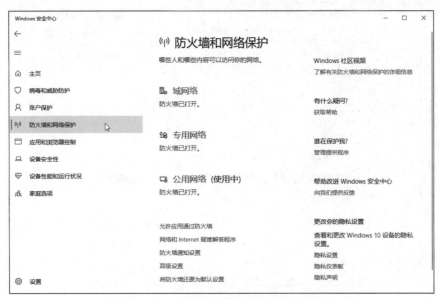

图 1-2-18　"防火墙和网络防护"窗口

开启 Windows Defender 防火墙后，当新添加应用第一次联网时，如图 1-2-19 所示，Windows 防火墙会提示用户选择该应用是否允许通过防火墙访问。

图 1-2-19　Windows Defender 防火墙

用户可以在"防火墙和网络保护"窗口中单击"允许应用通过防火墙"链接，打开如图 1 - 2 - 20 所示的"允许的应用"窗口，单击"更改设置"按钮，可以设置应用是否可以通过 Windows Defender 防火墙进行通信。

图 1 - 2 - 20　允许应用通过 Windows Defender 防火墙进行通信

4. 设备性能和运行状况

在"Windows 安全中心"窗口选择"设备性能和运行状况"选项，打开如图 1 - 2 - 21 所示窗口，方便用户查看设备的运行状况，以便用户发现问题并及时解决。

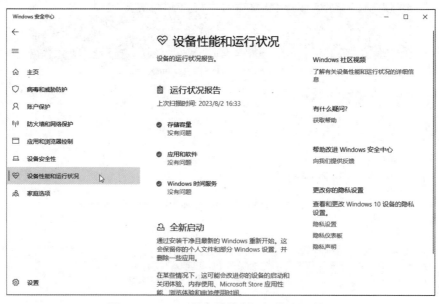

图 1 - 2 - 21　"设备性能和运行状况"窗口

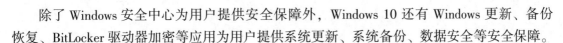

除了 Windows 安全中心为用户提供安全保障外，Windows 10 还有 Windows 更新、备份恢复、BitLocker 驱动器加密等应用为用户提供系统更新、系统备份、数据安全等安全保障。

做一做

为 Windows 10 操作系统开启防病毒保护，进行快速扫描，将 D 盘添加至受保护文件夹，并查看设备的运行状况报告。

本篇练习

一、选择题

1. Windows 10 操作系统内置的个人助理是（　　）。

A. Siri　　　　　　B. Cortana　　　　　　C. 微软小冰　　　　D. Google Assistant

2. 打开 Windows 操作中心查看通知的组合键是（　　）。

A. Windows + X　　B. Windows + Q　　C. Windows + A　　D. Windows + I

3. 下列设置不能在个性化设置中进行的是（　　）。

A. 桌面背景设置　　　　　　　　B. 桌面颜色设置

C. 锁屏界面设置　　　　　　　　D. 桌面分辨率设置

4. 将 Windows 快速锁屏的组合键是（　　）。

A. Windows + L　　　　　　　　B. Windows + P

C. Windows + D　　　　　　　　D. Windows + S

5. Windows 10 中默认的管理员账号是（　　）。

A. admin　　　　　　B. administrator　　C. ROOT　　　　D. Guest

6. Windows 安全中心，不可以进行（　　）。

A. 病毒与威胁防护　B. 网络防护　　　　C. 账户保护　　　D. 显示器保护

二、操作题

1. 设置 Windows 桌面背景为幻灯片放映，使用系统默认的图片文件夹。

2. 设置 Windows 锁屏界面为 Windows 聚焦，将天气设置为在锁屏界面显示详细状态的应用。

3. 设置 Windows 菜单使用全屏开始屏幕，并将 Word、Excel、PPT、天气、日历应用添加至"开始"屏幕，设置天气、日历应用打开动态磁贴。

4. 为 Windows 10 添加用户"adm"，设置其账户类型为管理员。

5. 切换用户 adm，为该用户添加 Microsoft 账号，并设置登录 PIN 码为 1357。

6. 为保证系统和个人数据安全，打开 Microsoft Defender 防病毒软件和 Windows Defender 防火墙，将本地磁盘 D 设置为受保护文件夹，保护该磁盘文件免受勒索软件等威胁。

第二篇

Word 2016 的使用

项目一

制作电脑小报

【项目介绍】

Word 2016 是目前使用比较广泛的一种文字处理软件,它集文字的编辑、排版、表格处理、页面设置等为一体。本项目主要通过电脑小报的制作来掌握 Word 2016 中各个知识点的应用。

【学习目标】

1. 掌握刊头或标题的制作方法和设计原则。
2. 掌握版面布局的基本原理。
3. 掌握美化版面技术。

【素质目标】

1. 培养信息检索能力。制作电脑小报需要进行信息收集、整理和排版等工作,在海量的数据中找出符合要求的内容,并进行分类、筛选、整理。

2. 培养团队合作精神。制作电脑小报通常需要多人协作完成,每个人负责不同的部分。成员之间互相配合、沟通交流,在团队中发挥自己的特长,从而提高团队合作能力。

3. 提升媒体综合素养。制作电脑小报能更多地接触到媒体相关的知识,了解新闻报道的原则和规范。在对信息的收集、整理和传播过程中,提高媒体素养。

任务1 设计刊头和标题

我们经常读书看报,在一张报纸中,最引人注目的是刊头。刊头在板报设计中起到画龙点睛的作用,刊头的位置、字体、大小、形状、方向都直接关系到整个版面的视觉效果。刊头的内容一般要和报刊的主题思想一致,可采用纯文字或文字与装饰纹样相结合的形式。

活动1 学习案例:制作特刊标题

案例内容:制作如图 2 - 1 - 1 所示庆祝科技日报成立 20 周年特刊标题。

活动1 制作特刊标题

热烈庆祝
科技日报成立 20 周年 *1996—2016*

图 2 – 1 – 1　庆祝科技日报成立 20 周年特刊标题

步骤 1：单击 "插入" 选项卡中的 "形状" 按钮，选择 "线条" 中的 "直线"，如图 2 – 1 – 2 所示，拖动绘制出直线。选中该直线，单击 "格式" 选项卡中的 "形状轮廓"，在弹出的列表中，设置线条颜色为橙色，粗细为 1.5 磅，如图 2 – 1 – 3 所示。将 "格式" 选项卡中的形状宽度设置为 2.5 厘米，如图 2 – 1 – 4 所示。

图 2 – 1 – 2　绘制直线

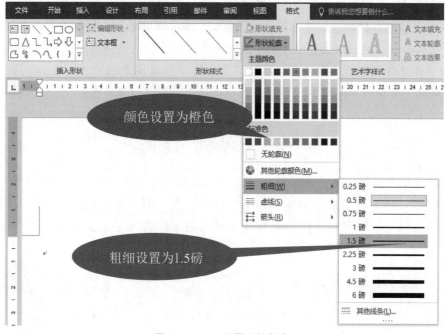

图 2 – 1 – 3　设置形状轮廓

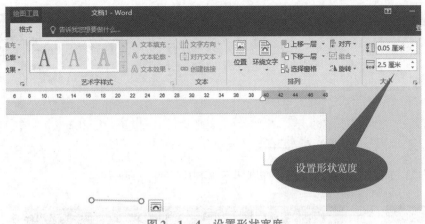

图 2 - 1 - 4　设置形状宽度

步骤 2：选中该直线，单击"格式"选项卡中的"形状效果"，选择"阴影"列表中的"阴影选项"，在窗口右侧出现的"设置形状格式"任务窗格中，预设选择"外部"中的"右下斜偏移"，颜色设置为黄色，透明度、模糊设置为 0，距离设置为 2.8，如图 2 - 1 - 5 所示，选中直线，复制一份放于右边，如图 2 - 1 - 6 所示。

图 2 - 1 - 5　阴影各参数设置

图 2 - 1 - 6　"线条"效果

步骤 3：单击"插入"选项卡中的"艺术字"按钮，如图 2 - 1 - 7 所示，插入艺术字"热烈庆祝"，艺术字样式为第一种，字体设为"华文行楷"、字号为 14、加粗，文本填充设置为"红色"，艺术字轮廓设置为"无轮廓"，如图 2 - 1 - 8 所示，版式设为"浮于文字上方"。

步骤 4：将"热烈庆祝"与第 2 步所画直线按如图 2 - 1 - 9 所示位置放好后，按住 Shift 键，单击每一个对象，将它们全部选定，单击"格式"选项卡中的"对齐"按钮，在出现的列表中选择"垂直居中"命令，如图 2 - 1 - 10 所示，将直线和艺术字垂直对齐。

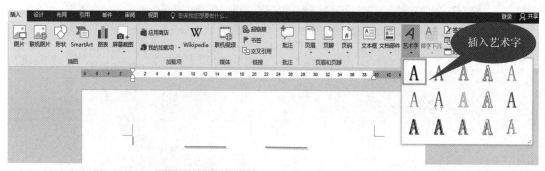

图 2 – 1 – 7 "插入"选项卡中的"艺术字"按钮

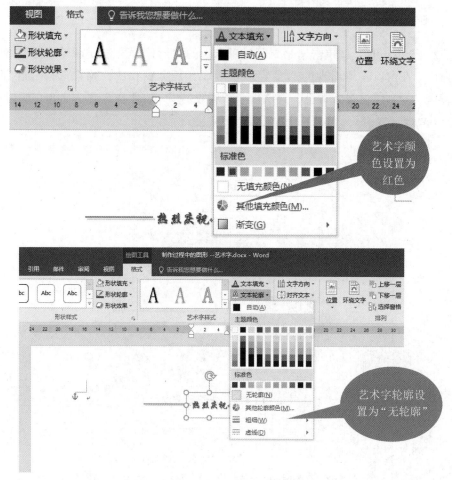

图 2 – 1 – 8 填充颜色和线条颜色设置

热烈庆祝

图 2 – 1 – 9 "艺术字"效果图

步骤 5：插入艺术字"科技日报成立 20 周年"和"1996—2016"。"科技日报成立 20 周年"设为"黑体、20、加粗"，"1996—2016"设置为"Gulim、12、加粗"，填充颜色和线条颜色均为"黑色"，版式均为"浮于文字上方"，放置位置如图 2 – 1 – 11 所示。

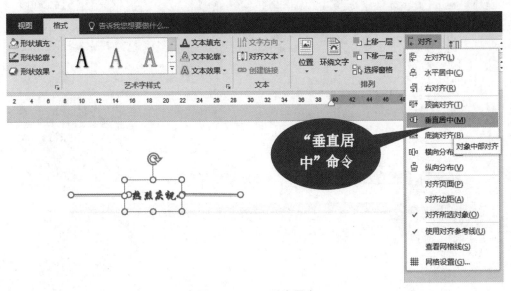

图 2 - 1 - 10　垂直居中

科技日报成立 20 周年 *1996—2016*

图 2 - 1 - 11　标题效果图

步骤 6：单击"插入"选项卡中的"图片"按钮，如图 2 - 1 - 12 所示，插入图片"灯笼"。选中图片，单击"格式"选项卡，如图 2 - 1 - 13 所示，高度设置为"1.8 厘米"，宽度设置为"1.5 厘米"，版式为"浮于文字上方"，调整其位置，如图 2 - 1 - 14 所示。

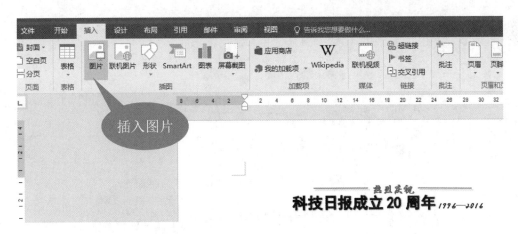

图 2 - 1 - 12　插入图片

步骤 7：图片"灯笼"有一白色的背景层遮住了艺术字"1996—2016"，那么如何将这层白色的背景层去掉呢？选中"灯笼"，单击"格式"选项卡中的"颜色"按钮，在出现的列表中选择"设置透明色"，如图 2 - 1 - 15 所示。

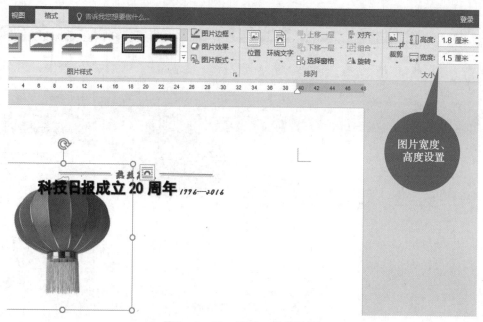

图 2 - 1 - 13　宽度、高度设置

图 2 - 1 - 14　标题效果图

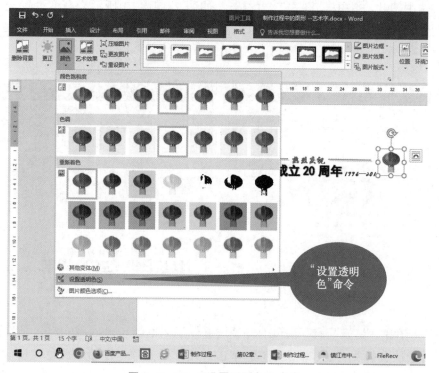

图 2 - 1 - 15　"设置透明色"命令

将光标移动到"灯笼"图片白色背景处时单击,将图片的背景色设为透明,如图 2 – 1 – 16 所示。

图 2 – 1 – 16 标题效果图

步骤 8:复制图片"灯笼"置于刊头左侧,按住"Shift"键不放,单击每一个对象,将它们全部选定,如图 2 – 1 – 17 所示,再右击,执行快捷菜单中的"组合"命令,所有对象就组合成了一个整体,如图 2 – 1 – 18 所示,这样"热烈庆祝科技日报成立 20 周年"特刊标题就制作完成了。

图 2 – 1 – 17 全部选定

图 2 – 1 – 18 组合

活动 2 课后练习:制作报刊刊头

模仿题:制作如图 2 – 1 – 19 所示"语文报"刊头。

活动 2 制作报刊刊头

图 2 – 1 – 19 "语文报"刊头

任务2 设计版面布局

在编排报刊时，首要的工作是设计好报刊的版面布局，规划好页面布局后，才能做到"心中有数"，排版时文字、图片、表格等才能"各得其所"，最终才能快速编排出布局美观、合理的报刊。

活动1 学习案例：设置表格页面布局

案例内容：编排如图2-1-20所示庆祝科技日报成立20周年特刊的页面布局。

活动1 设置表格
页面布局

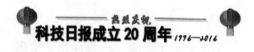

计算机特刊

计算机是一种能接收数据并把它处理成信息的机器。数据是事实或观察结果，而信息是人们对数据进行解释所得到某种意义。

一个中世纪的天文学家，名叫第谷布拉赫，他花了毕生的精力观察和记录行星的位置。他搜集有关某夜火星在太空中某个确定位置的数据，从来不十分明确这些数据意味着什么。

他的继承人约翰尼斯. 开普勒设想了个椭圆。他花了一生的大部分时间去处理冗长的计算，重新组织观察结果，试图证实1621年发表了他的行星运动定律。

一个模型：火星的轨道类似于一理布拉赫留下来的数据，完成了他的设想。他终于成功了。在

- 开普勒定律意味着信息。用这些信息，他能知道并预言
- 行星的运动情况。科学家和工程师们仍在依靠他的定律
- 去筹划太空飞行。信息是有意义的。显然，开普勒定律
- 是从布拉赫的数据中得到的。但是未经处理的原始数据
- 是没用的，数据在未经组织和完成必要的计算以前，是
- 无结构的事实，意思是不清楚的。

人工智能（Artificial Intelligence），英文缩写为AI。它是研究、开发用于模拟、延伸和扩展人的智能的理论、方法、技术及应用系统的一门新的技术科学。

人工智能是计算机科学的一个分支，它企图了解智能的实质，并生产出一种新的能以人类智能相似的方式做出反应的智能机器，该领域的研究包括机器人、语言识别、图像识别、自然语言处理和专家系统等。人工智能可以对人的意识、思维的信息过程的模拟。

人工智能

Microsoft 主要产品一览表			
Microsoft Word	字处理软件	Windows 7	
Microsoft Excel	电子表格软件	Windows 10	Windows 操作系统
Microsoft PowerPoint	幻灯片制作	Windows 11	
Microsoft Access	数据库管理软件	Edge	浏览器软件

图2-1-20 庆祝科技日报成立20周年特刊的页面布局

1. 报刊的页面设置

利用 Word 进行页面布局时，首先必须进行正确的页面设置，即规定页面纸张大小、页边距等。

（1）纸张大小

单击"布局"选项卡中的"纸张大小"按钮，在出现的列表中选择"其他纸张大小"，单击"纸张大小"下拉按钮，在下拉列表中选择合适的纸型，也可以选择"自定义大小"，根据制作的报刊页面大小，将"宽度"和"高度"修改为合适的值。本案例小报页面选择的纸型是"A4"，如图2-1-21所示。

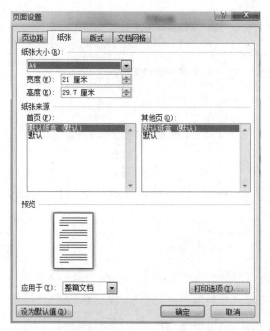

图 2 – 1 – 21　纸张设置

（2）页边距

"页边距"是指页面四周空白区域的宽度。单击"布局"选项卡中的"页边距"按钮，在出现的列表中选择"自定义边距"，如图 2 – 1 – 22 所示。弹出"页面设置"对话框，本案例小报页边距上、下、左、右均为 2 厘米，在"纸张方向"区域，可选择页面方向为"横向"或"纵向"。如图 2 – 1 – 23 所示，纸张大小为"16 开"。

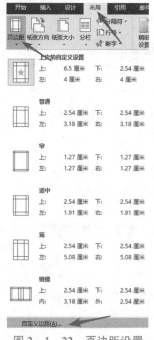

图 2 – 1 – 22　页边距设置

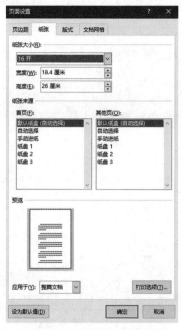

图 2 - 1 - 23　选择 "16 开" 纸张大小

2. 报刊的基本页面布局

Word 中有极强大的表格功能，在报刊的基本布局中，也可以利用表格来设计页面基本布局。一般一张报纸由不同的版块组成，版块是指在一个版面内分成的若干个小块，在每个版块中输入不同的文章内容，各版式的格式不完全相同。

案例内容：本案例就是利用表格来辅助排版的，效果如图 2 - 1 - 24 所示。

图 2 - 1 - 24　庆祝科技日报成立 20 周年特刊页面布局效果

主要操作步骤如下。

步骤1：新建一空白文档，单击"插入"选项卡中的"表格"，在出现的列表中选择"绘制表格"，如图2－1－25所示，待光标变成一个铅笔状时，在页面上拖动光标，绘制出如图2－1－26所示的表格。

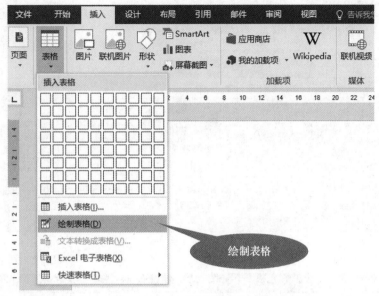

图2－1－25　"绘制表格"命令

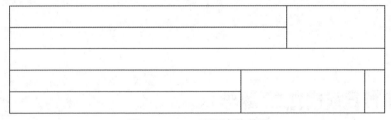

图2－1－26　页面表格效果

步骤2：在文档内插入相应的文字和表格，并进行一定的格式设置，如图2－1－24所示。

步骤3：单击表格左上角的✛，选中整张表格，选择"设计"选项卡中的"边框样式"中的"无边框"，如图2－1－27所示。单击"设计"选项卡中的"边框"下拉按钮，在出现的列表中选择"所有框线"，如图2－1－28所示。

活动2　学习案例：设置分栏、文本框链接版面布局

1. 设置分栏

编排如图2－1－29所示的页面布局。在报刊的版面布局中，很多时候也用到分栏、文本框链接等技术，用于分隔不同内容的版块。图2－1－29所示的页面在排版布局时主要用到了这两种技术。

活动2　设置分栏

图 2-1-27 设置"边框样式"为无边框

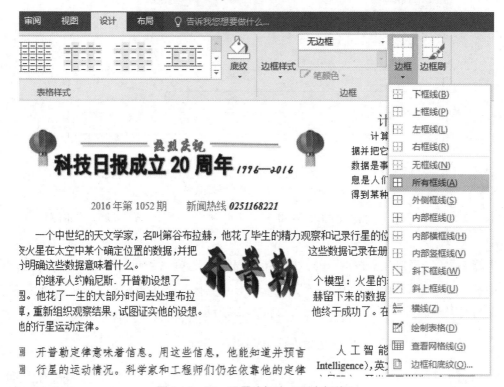

图 2-1-28 设置边框为"所有框线"

步骤1：将光标置于要分栏的段落中，单击"布局"选项卡中的"分栏"按钮，在出现的列表中选择"更多分栏"，打开"分栏"对话框，如图 2-1-30 所示。

饮料的种类

饮料是供人饮用的液体，它是经过定量包装的，供直接饮用或按一定比例用水冲调或冲泡饮用的，乙醇含量（质量分量）不超过0.5%的制品，饮料也可分为饮料浓浆或固体形态，它的作用是解渴、补充能量等功能。

1、果蔬饮料：有草莓汁、猕猴桃汁、凤梨汁等。是指未添加任何水类物质，直接以新鲜或冷藏果蔬为原料，经过清洗、挑选后，采用物理的方法如压榨、浸提、离心等方法得到的果蔬汁液。

益生菌果肉果汁饮料植物益生菌发酵果蔬汁 山楂 蜜桃 雪梨 多种口味山楂果饮。

2、碳酸饮料：有可乐、雪碧等。碳酸饮料（汽水）类产品是指在一定条件下充入二氧化碳气的饮料。

3、功能饮料：有东鹏特饮、红牛等。指通过调整饮料中营养素的成分和含量比例，在一定程度上调节人体功能的饮料。

4、茶类饮料：有绿茶、红茶、元气森林等。指用水浸泡茶叶，经抽提、过滤、澄清等工艺制成的茶汤或在茶汤中加入水、糖液、酸味剂、食用香精、果汁或植（谷）物抽提液等调制加工而成的制品。

5、含乳饮料：有乳酸菌、酸奶等。指以鲜乳或乳制品为原料，经发酵或未经发酵加工制成的制品。含乳饮料分为配制型含乳饮料和发酵型含乳饮料。

✱✱✱✱✱✱✱✱✱✱✱✱✱✱✱✱✱✱✱✱✱✱✱✱✱✱

青少年长期喝饮料的危害

在我们的日常生活中，很多青少年在口渴的时候喜欢直接喝一些碳酸饮料解渴。但是要知道，虽然是一时的提神，但是会对我们的身体造成一些伤害。青少年长期喝饮料的危害：

1.导致肥胖

碳酸饮料的甜味是吸引孩子的重要原因。可乐一般含糖 10.8%。夏季天气炎热，人体每天的补水量在 2000 ml 左右。如果用饮料代替正常的饮用水，饮料中过多的糖分会被人体吸收储存，长期饮用容易导致肥胖。更重要的是，体内糖分过多还会给孩子娇嫩的肾脏带来沉重的负担，这也可能是孩子患糖尿病的隐患之一。

2.阻碍骨骼发育

碳酸饮料大多含有磷酸，会潜移默化地影响骨骼生长。经常喝碳酸饮料会威胁骨骼健康。

大量磷酸的摄入会阻碍钙的吸收利用，造成体内钙磷失衡。一旦缺钙，对处于骨骼发育重要时期的孩子的健康危害极大，无疑意味着骨骼发育缓慢，骨髂差。

3.影响消化功能

碳酸饮料喝多了对胃不好，往往一次喝得太多，胃肠道内释放出大量二氧化碳，容易引起腹胀，影响食欲，甚至引起胃肠功能紊乱，如恶心、呕吐、上腹部和中腹部隐痛、腹泻等。

4.毁坏牙齿

牙齿是骨性结构，可乐中含有大量的碳酸，会严重破坏牙齿的结构，进而使牙齿变得非常脆弱，容易使牙齿表面变薄，从而导致牙齿敏感、牙齿断裂等症状。

5.引起缺铁性贫血

碳酸饮料中的磷酸也会阻碍铁的吸收，如果铁不够，就会引起缺铁性贫血。

图 2 - 1 - 29 某页面布局效果

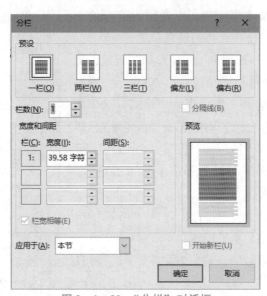

图 2 - 1 - 30 "分栏" 对话框

步骤 2：在"分栏"对话框的"预设"区域选择分栏的栏数，也可以在"栏数"后的选择框中直接输入。在"宽度和间距"区域，可对栏宽和间距进行相应设置，若要使栏的宽度相等，可勾选"栏宽相等"复选项。本案例页面中的分栏设置如图 2 - 1 - 31 所示。

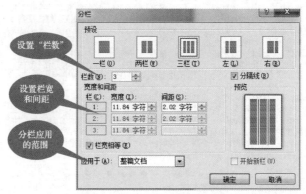

图 2 - 1 - 31　"分栏"对话框

步骤 3：在"分栏"对话框中的"应用于"区域，还可以选择"分栏"所应用的范围，包括应用于本节、插入点之后、整篇文档或所选文字、所选节等。

操作技巧：分栏后，有时会出现左边一栏有文字、其他各栏没有文字的现象，这种现象称为栏长不均衡。其解决方法是：在页面视图下，将光标放在要平衡的栏的结尾，单击"布局"选项卡中的"分隔符"按钮，在出现的列表中选择"连续"命令，该栏结尾会插入一个连续分隔符，使各栏的文字自动平衡。

活动 2　文本框链接

2. 文本框链接

在报纸、杂志等版面中经常看到同一篇文章被分散编排在不同的版面或同一版面的不同位置处，Word 提供的文本框链接技术可以实现上述现象。可以通过文本框链接功能把各个独立的文本框组成一个逻辑上连续的文本框，这些文本框可以编排在文档的任意位置。

步骤 1：单击"插入"选项卡"→"形状"按钮，选择"基本形状"→"折角形"，如图 2 - 1 - 32 所示，画出一个图形。双击此"折角形"，在出现的"格式"选项卡中，设置"形状填充"为白色。单击选中"折角形"，同时按下"Ctrl + C"组合键，然后同时按下"Ctrl + V"组合键。将第 2 个"折角形"移动到和第 1 个"折角形"水平的位置，并调整其到合适大小。

单击选中第 2 个"折角形"，在出现的"格式"选项卡中，选择"旋转"→"水平旋转"。

分别右击两个"折角形"，选择"添加文字"，将自选图形变成"文本框"。

步骤 2：将"文字"粘贴到左边文本框内，选取该

图 2 - 1 - 32　插入"基本图形"→
"折角形"图形

文本框后，单击"格式"选项卡中的"创建链接"命令，如图 2 – 1 – 33 所示，此时光标变为"直立的杯状"。

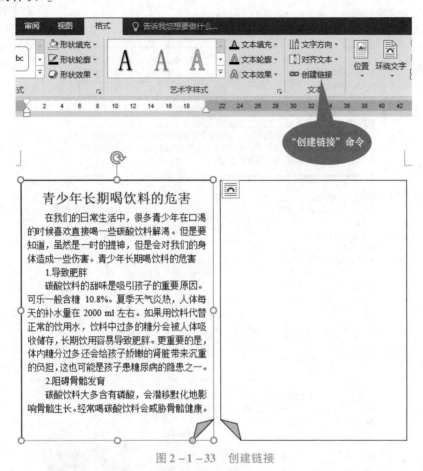

图 2 – 1 – 33　创建链接

步骤 3：将光标移动到右边空白的文本框内，待光标变为"倾斜的杯状"后单击，在第一个文本框中未显示的文字在第二个文本框中接着显示，如图 2 – 1 – 34 所示。

青少年长期喝饮料的危害

在我们的日常生活中，很多青少年在口渴的时候喜欢直接喝一些碳酸饮料解渴。但是要知道，虽然是一时的提神，但是会对我们的身体造成一些伤害。青少年长期喝饮料的危害

1.导致肥胖

碳酸饮料的甜味是吸引孩子的重要原因。可乐一般含糖 10.8%。夏季天气炎热，人体每天的补水量在 2000 ml 左右。如果用饮料代替正常的饮用水，饮料中过多的糖分会被人体吸收储存，长期饮用容易导致肥胖。更重要的是，体内糖分过多还会给孩子娇嫩的肾脏带来沉重的负担，这也可能是孩子患糖尿病的隐患之一。

2.阻碍骨骼发育

碳酸饮料大多含有磷酸，会潜移默化地影响骨骼生长。经常喝碳酸饮料会威胁骨骼健康。

大量磷酸的摄入会阻碍钙的吸收利用，造成体内钙磷失衡。一旦缺钙，对处于骨骼发育重要时期的孩子的健康危害极大，无疑意味着骨骼发育缓慢，骨骼差。

3.影响消化功能

碳酸饮料喝多了对胃不好，往往一次喝得太多，胃肠道内释放出大量二氧化碳，容易引起腹胀，影响食欲，甚至引起胃肠功能紊乱，如恶心、呕吐、上腹部和中腹部隐痛、腹泻等。

4.毁坏牙齿

牙齿是骨性结构，可乐中含有大量的碳酸，会严重破坏牙齿的结构，进而使牙齿变得非常脆弱，容易使牙齿表面变薄，从而导致牙齿敏感、牙齿断裂等症状。

5.引起缺铁性贫血

碳酸饮料中的磷酸也会阻碍铁的吸收。如果铁不够，就会引起缺铁性贫血。

图 2 – 1 – 34　文本框链接

活动3 制作
某报刊页面

活动3 课后练习：制作某报刊页面

模仿题：制作如图 2 – 1 – 35 所示某报刊页面。

计算机是文化资源的宝库，计算机是知识链接的媒体，计算机是改造社会的工具，计算机是塑造自我的明镜。在课堂上，借助于计算机，可以引发教师与学生的共鸣，课堂与社会的共鸣，人类然的 **窗口文化** 的共算机，现在与将来 **电脑时代 时代电脑** 小小鸣，借助于计我们可以由 窗口，栖身于大千世界，由桌面鼠标，探索到荧屏背后，由自然科学接触到社会实践，由怎样做事领悟到如何做人。在未来涌进知识经济的澎湃大潮之时，在驶入信息社会的高速公路之刻，自己的知识是实用的、丰富的、永恒的与崭新的。

计算机发明者约翰·冯·诺依曼。计算机是 20 世纪最先进的科学技术发明之一，对人类的生产活动和社会活动产生了极其重要的影响，并以强大的生命力飞速发展。它的应用领域从最初的军事科研应用扩展到社会的各个领域，已形成了规模巨大的计算机产业，带动了全球范围的技术进步，由此引发了深刻的社会变革，计算机已遍及一般学校、企事业业单位，进入寻常百姓家，

计算机 介绍

成为信息社会中必不可少的工具。计算机的应用在中国越来越普遍，改革开放以后，中国计算机用户的数量不断攀升，应用水平不断提高，特别是互联网、通信、多媒体等领域的应用取得了不错的成绩。联网计算机台数由原来的 2.9 万台上升至 5940 万台。互联网用户已经达到 3.16 亿，为全球第一位。计算工具的演化经历了由简单到复杂、从低级到高级的不同阶段，例如绳结计算筹、算盘计算尺、机械计算机来。它们在不同的历史时期发挥了各自的历史作用，同时也启发了现代、电子计算机的研制思想。

全 球超级计算机数量第一名中国，目前拥有约 220 台，据 2017 年全球超级计算机 TOP500 公布的榜单，中国就超算数量已经超越了美国，也正是如此夸张的数目使得我国在人工智能领域上一马当先。
早在 1956 年，中国就已将计算机技术列为重点发展科学技术，并在 1957 年建立了中国第一个计算机技术研究所。
超级计算机的排名是所有科技领域内的排名中最具有代表性的，因为超级计算机的性能和速度是衡量国家在科技领域实力的最重要指标之一。2023 年超级计算机排名中，美国居于榜首，日本排名第二，而中国的超级计算机排名则是第七。除此之外，还有德国、瑞士、法国和韩国等国家也在排名前十位中。但是，超级计算机的排名并不是完全可信的，存在排名可信度不足的问题。

图 2 – 1 – 35　某报刊页面

练一练

1. 根据介绍的报刊刊头和标题的制作方法，发挥你的想象力，为学校"清晨文学社"主办的文学报《清晨》设计一个刊头。

2. 根据介绍的页面布局的方法，为"清晨文学社"第 1 期报纸设计一种页面布局，提供文字和图片，要求：主题鲜明，布局合理，富有"文学社"特色。

3. 制作一份介绍景点的海报，如图 2-1-36 所示。海报主题自拟，自己收集素材，海报要求美观生动，图文并茂。

图 2-1-36　介绍景点的海报

项目二

试卷编制

【项目介绍】

本项目主要介绍试卷编制的方法，本案例是 Office 高级应用中高层次的应用，通过制作一份高质量的试卷，掌握试卷的文档格式、试卷头的制作、几何图形的绘制等方法。

【学习目标】

1. 掌握制作试卷头的方法。

2. 掌握设置试卷文档格式的方法。

3. 掌握编辑各类公式的方法。

4. 掌握绘制几何图形的方法。

【素质目标】

1. 良好的组织能力：通过编制考试试卷，需要有良好的组织能力，需要按照题型和知识点将问题分类、排列，并确保试卷的逻辑性和连贯性。

2. 提高知识整合能力：要将文字、图形、公式等有机地组合在一起，对于学生来说是一个综合能力的体现。

3. 锻炼逻辑思维：编制试卷要求学生运用逻辑思维，考虑问题之间的关联和难度的递进。他们需要合理安排题目的顺序，使得试卷的难易度渐进，有利于学生全面地展示自己的知识水平。

任务 1　试卷编制

试卷是一些纸张或电子版的答题卷或问题卷。一份好的试卷不仅要求试题内容准确、合理，而且要求试卷头的制作美观大方，这样更能体现制作人的专业水准。

活动1　编制试卷头

编制试卷头应综合设置字体、字号、双行合一、字符提升等格式，下面以图 2-2-1 为例来学习试卷头的制作。

活动1　编制试卷头

南京市**高等职业技术学校**2015 学年第二学期

15 级职高班《数学》试卷

出卷人：马腾

图 2 - 2 - 1　试卷效果

步骤 1：先输入试卷标题必须包含的一些文字信息，输入如图 2 - 2 - 2 所示的文本内容。

南京市高等职业技术学校 2015 学年第二学期 15 级职高班《数学》试卷
出卷人：马腾

图 2 - 2 - 2　试卷头文字内容

步骤 2：选取"高等职业技术学校"文本内容，单击"段落"→"中文版式"→"双行合一"命令，效果如图 2 - 2 - 3 所示。

高等职业
南京市**技术学校**2015 学年第二学期 15 级职高班《数学》试卷

出卷人：马腾

图 2 - 2 - 3　"高等职业技术学校"双行合一效果

步骤 3：选取双行合一的文本，按"Ctrl + Shift + >"组合键若干下，使选取文本的字号增大到"一号"，按"Ctrl + B"组合键加粗文本，并将字体设置为黑体，格式设置后效果如图 2 - 2 - 4 所示。

高等职业
南京市技术学校2015 学年第二学期 15 级职高班《数学》试卷

出卷人：马腾

图 2 - 2 - 4　双行合一文字格式设置效果

步骤 4：结合 Ctrl 键分别用鼠标选取文本"南京市"和"2015 学年第二学期 15 级职高班《数学》试卷"，按"Ctrl + D"组合键打开"字体"对话框，把字号设为三号，字体设为方正姚体后，单击"高级"选项卡，如图 2 - 2 - 5 所示。在"位置"下拉框中选择"提升"，在"磅值"框中设置"3 磅"后，单击"确定"按钮。设置后的效果图如图 2 - 2 - 1 所示。

第一行标题行文字内容布满一行，使得标题行不够美观，因此，从文字"15 级"开始另起一段，选取第 1、2 段标题行，按"Ctrl + E"组合键使段落居中对齐。把光标定于第 3 段，按"Ctrl + R"组合键使段落右对齐。

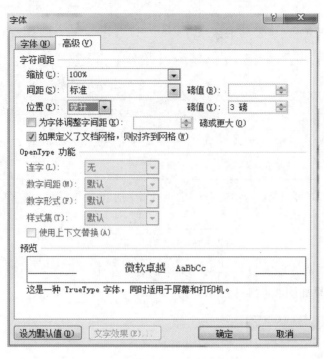

图 2 – 2 – 5 "字体"对话框"高级"选项卡

活动 2 制作试卷密封线

正规的试卷（中考试卷、高考试卷）上都有密封线，密封线的位置一般处于试卷的最左边，具体制作过程如下。

活动 2 制作试卷密封线

①将试卷纸张大小设置为 A3，具体尺寸设置如图 2 – 2 – 6 所示。

图 2 – 2 – 6 选择 A3 纸张

步骤 1：单击"布局"选项卡下的"纸张大小"下拉列表，选择"A3"。

步骤 2：单击"布局"选项卡下的"纸张方向"下拉列表，选择"横向"。

②设置试卷的页边距。

步骤 1：单击"布局"选项卡下的"页面设置"边上的 按钮，在弹出的"页面设置"对话框中，如图 2 - 2 - 7 所示，选择"页边距"选项卡，设置"上"为 1 厘米，"下"为 1.5 厘米，"内侧"为 1.5 厘米，"外侧"为 1.8 厘米，装订线为 1.5 厘米。

图 2 - 2 - 7　页边距设置

步骤 2：因为正式考试的试卷是正反打印的，所以这里设置"多页"为"对称页边距"。

③制作密封线。

步骤 1：单击"插入"选项卡"文本框"下拉列表，选择"简单文本框"，如图 2 - 2 - 8 所示。

> [使用文档中的独特引言吸引读者的注意力，或者使用此
> 空间强调要点。要在此页面上的任何位置放置此文本框，
> 只需拖动它即可。]

图 2 - 2 - 8　"简单文本框"选择

步骤 2：选择"文本框"，在"格式"选项卡中设置文本框的高度为 2 厘米，设置文本框的宽度为 28 厘米，如图 2 - 2 - 9 所示。

图 2 - 2 - 9　设置文本框的高度和宽度

步骤 3：选择"文本框"，在"格式"选项卡中设置文本框的"形状轮廓"为"无轮廓"，如图 2 - 2 - 10 所示。

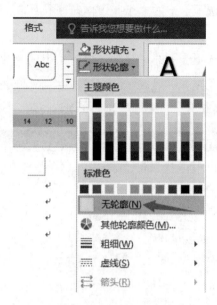

图 2 - 2 - 10　设置文本框的轮廓

步骤 4：在文本框中输入相应的内容，结果如图 2 - 2 - 11 所示。

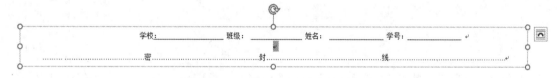

图 2 - 2 - 11　在文本框中输入相应的内容

步骤 5：将光标移至文本框的旋转控制点上，光标的形状会变成和旋转控制点一样的形状。按下鼠标左键，同时按住"Shift"键。将光标加文本框逆时针旋转 90°。将文本框移到纸张的最左边。

步骤 6：选中文本框，按"Ctrl + C"组合键复制，按"Ctrl + V"组合键粘贴。选中粘贴后的文本框，将它移动到第 2 页。

步骤 7：删除文本框中的"学校"等第一行信息，保留"密封线"这一行信息。按下鼠标左键，同时按住"Shift"键，旋转文本框到合适位置，最后将文本框移到第 2 页的最左边。

活动 3　课后练习——制作上机操作考试试卷头

模仿制作如图 2 - 2 - 12 所示的试卷头。

图 2 - 2 - 12　上机操作考试试卷头

任务 2　试卷文档格式设置

引入试卷头制作完成后，接下来进行的就是试卷正文的编制工作吗？其实则不然，在录入试卷内容前，应先对文档的格式进行设置，这样，在录入试卷内容的过程中就能编制布局整齐的试题，感觉很舒服。

活动 1　设置分栏

如图 2 – 2 – 13 所示，试卷页面呈两栏排列，并且各选择题排列整齐，要编制这样的效果，应在录入文档内容前做好相应的文档格式设置工作。

活动 1　设置分栏

16. 先化简，再求值：$\dfrac{1}{x-1}-\dfrac{x-3}{x^2-1}$，其中 $x=\sqrt{3}$。

17. 解不等式组 $\begin{cases} 5-2x>0 \\ \dfrac{1+x}{2}\ge 0 \end{cases}$，在数轴上表示解集，说出它的自然数解。

-3 -2 -1 0 1 2 3

图 2 – 2 – 13　试卷页面分两栏局部效果

试卷的一个特点就是分栏设置，也就是将页面中的试卷内容分成左、右两部分。分栏前，应预先确定分栏的起始位置，即确定是否将试卷头列入分栏范围。如果要防止试卷头内容文字被分栏，应在试卷头标题行末尾插入一个分节符，具体分栏步骤如下。

步骤 1：插入分节符。将光标定位于试卷头标题行末尾，选择"布局"→"分隔符"命令，在打开的下拉菜单中，选择"分节符"类型中的"连续"选项后，单击"确定"按钮返回，如图 2 – 2 – 14 所示。

步骤 2：将光标定位在分节符后面，按"Enter"键，使光标在空行中，选择"布局"→"分栏"命令，在打开的对话框中进行分栏设置，如图 2 – 2 – 15 所示。选择两栏，"应用于"设为"本节"，也可以在两栏间添加一条分隔线，最后单击"确定"按钮返回。

分隔符

分页符

分页符(P)
标记一页终止并开始下一页的点。

分栏符(C)
指示分栏符后面的文字将从下一栏开始。

自动换行符(T)
分隔网页上的对象周围的文字，如分隔题注文字与正文。

分节符

下一页(N)
插入分节符并在下一页上开始新节。

连续(O)
插入分节符并在同一页上开始新节。

偶数页(E)
插入分节符并在下一偶数页上开始新节。

奇数页(D)
插入分节符并在下一奇数页上开始新节。

图 2 – 2 – 14　"分隔符"下拉菜单

活动 2　制作分栏页码

试卷分两栏打印，每栏下面都应有页码及总页码提示。具体操作步骤如下。

① 双击页面的页脚处，进入"页脚"编辑状态。

② 在左边一栏对应的页脚处进行如下操作。

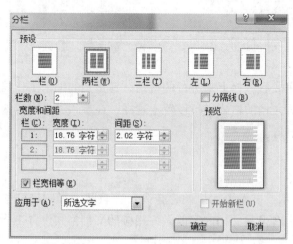

图 2 - 2 - 15 "分栏"对话框

在双栏插入页码的位置定位光标,按住"Ctrl + F9"组合键得到两个花括号,并输入代码{ = {page}*2 - 1}和{ = {page}*2},结果如图 2 - 2 - 16 所示。

{= { page }*2-1 }   {= { page }*2 }↵

图 2 - 2 - 16 双栏页码设置

③右击输入的代码,选择"更新域",结果如图 2 - 2 - 17 所示,即可得到分栏后的页码。

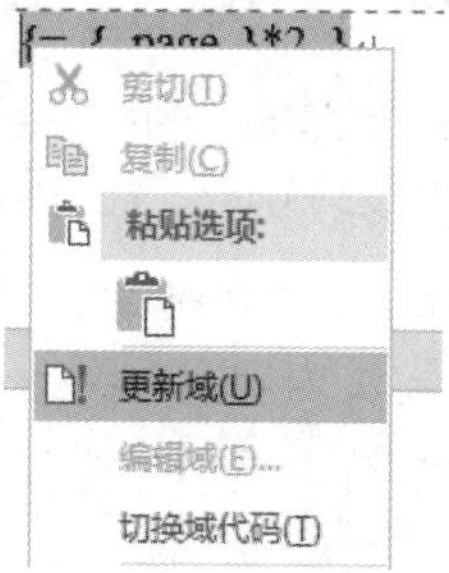

图 2 - 2 - 17 更新域

活动 3 设置制表符

在试卷选择题的编制中,每题的选择答案都排列得很整齐,这不是用按空格键的方法来实现的,因为按空格键没有办法使得各个选项完全对齐,应该使用制表符功能来实现。

为了认识制表符,先来设置一下:选择"文件"→"选项"命令,弹出"Word 选项"对话框,选择"显示"选项卡中"始终在屏幕上显示这些格式标记"下的复选框"制表符",如图 2 - 2 - 18 所示,单击"确定"按钮,这样在设置了制表位的地方可以清楚地看到一个向右的灰色箭头"→",这就是制表位符号。

活动 3 设置制表符

在设置制表符之前,先来了解制表位的种类。

制表位是一种隐含的"光标定位"标记,专门用来与"Tab"键配合使用,每按一次"Tab"键,光标向右跳到下一个制表位;按"Shift + Tab"组合键,光标向左跳到上一个制表位。

制表位有以下五种,不同的制表位在标尺上显示不同的符号,它们分别是:

左对齐制表符,Tab 键键入后,后面段落的文字在制表符处左侧对齐。

居中制表符,Tab 键键入后,后国段落的文字在制表符处右侧对齐。

右对齐制表符,Tab 键键入后,后面段落的文字在制表符处居中对齐。

小数点对齐制表符,Tab 键键入后,后面段落的文字在制表符处小数点对齐。

竖线对齐制表符,Tab 键键入后,后面段落的文字在制表符处竖线对齐。

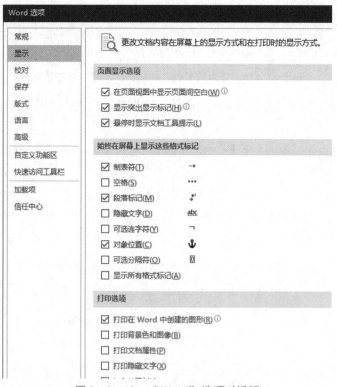

图 2 - 2 - 18　"Word"选项对话框

设置制表位的具体操作如下。

步骤 1：不断单击水平标尺最左端的制表符按钮，直到出现"左对齐制表符"时为止，然后移动光标到水平标尺上，在需要放置选择答案的对齐位置上单击，这样标尺上就设置相应的制表位，如图 2 - 2 - 19 所示。

图 2 - 2 - 19　设置的制表符在标尺上的显示

步骤 2：按"Tab"键，使得光标自动跳到当前光标位置后第一处制表符位置上，输入选项 A 的内容，然后按"Tab"键，光标就自动跳到下一处所设置好的制表符位置处，再输入选项 B 的内容。

步骤 3：按"Enter"键，上一段设置的制表符信息自动代入下一段落，重复刚才的操作，依次输入另两个选择题题枝的内容。

活动 4　调整制表符

①若要调整选项 A 与选项 B 之间的间距，可按如下操作进行。

● 把光标定位于要调整间距的行上。

活动 4　设置制表符

● 用鼠标拖动标尺上相应的制表符位置，从而实现调整选项 A 与 B 之间的距离，如图 2 - 2 - 20 所示。

$$A. \quad x+x=2x^2 \qquad B. \quad -(a-b+c)=-a-b+c$$

$$C. \quad 2x \cdot 2x = 4x^2 \qquad D. \quad (x^2)^3 = x^5$$

图 2-2-20 使用制表位对齐的选择题题枝对齐效果

②若要同时调整多行中同一制表符的位置，则调整前应选择多行文本，然后拖动标尺上的制表符就能实现。

③若要删除设置好的制表符，则只要用鼠标将标尺上的制表符拖至标尺以外，就能删除制表符了。

④用户可以直接在标尺上设置"制表制表位"，也可以通过"制表位"对话框进行详细的设置，如图 2-2-21 所示。单击"开始"→"段落"，打开"段落"对话框，在"段落"对话框的左下角，单击"制表位（T）…"按钮，打开"制表位"对话框

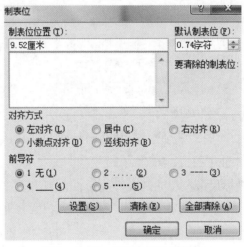

图 2-2-21 "制表位"对话框

活动 5 课后练习：制作机密试卷头

在制作好试卷头后，把试卷的页面格式设置为 8K，分两栏，横向打印，为每栏设置"机密 第 * 页共 * 页 日期"样式的页码。

任务 3 编辑各类公式

在各种理科试卷中，有很多公式，要想制作一份高质量的试卷，插入公式是必要的。不仅如此，还必须对公式进行一定的格式化，使整张试卷看起来更为美观。

活动 1 插入公式

创建如图 2-2-22 所示的数学公式。

活动 1 插入公式

$$\overline{y} = \sqrt{\frac{a}{b}} \int_b^a f(t)dt$$

图 2 - 2 - 22　数学公式

①打开公式编辑器。将光标定位到需要插入公式的位置，单击"插入"→"公式"，在光标位置就会出现如图 2 - 2 - 23 所示图形。

图 2 - 2 - 23　插入公式

②输入公式的第一部分。选择图 2 - 2 - 23，在"设计"选项卡中，单击"层数符号"→"顶线和底线"→"顶线"，如图 2 - 2 - 24 所示。选择虚框，输入"y"。再次进入框内，输入"="。

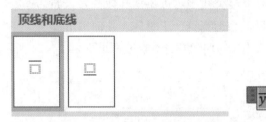

图 2 - 2 - 24　顶线和底线

③插入根号。单击"设计"→"根式"，选择第一个按钮"平方根"，如图 2 - 2 - 25 所示。选择根式下的虚框，单击"分数"→"分数（竖式）"。选择分式的上框，输入"a"，选择分式的下框，输入"b"，如图 2 - 2 - 26 所示。

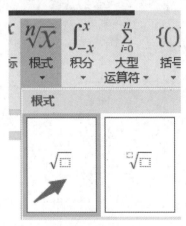

$$\overline{y} = \sqrt{\frac{a}{b}}$$

图 2 - 2 - 25　插入根号　　　　图 2 - 2 - 26　所示根号下的分式

④插入积分。将光标定位到公式输入框中，单击"积分"按钮，选择第一行的中间一个积分模板，如图 2 - 2 - 27 所示。在相应的位置输入 a，b，f（t）dt，最终效果如图 2 - 2 - 22 所示。

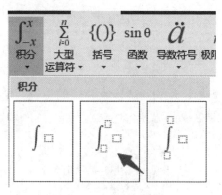

图 2 – 2 – 27　积分模板

活动 2　公式的格式化

活动 2　公式的格式化

①改变公式的大小。选中公式，改变字体大小就能改变公式大小。

②在公式中添加其他符号。在公式中可以添加其他符号，如基础数学、希腊字母、字母类符号、运算符、箭头、求反关系运算符、手写体、几何图形等。

单击"设计"→"符号"按钮边上的下拉按钮，如图 2 – 2 – 28 所示。

图 2 – 2 – 28　符号下拉按钮

显示"基础数学"的全部符号，如图 2 – 2 – 29 所示。

图 2 – 2 – 29　"基础数学"符号

单击"基础数学"边上的下拉按钮，出现其他类型的符号，如图 2 – 2 – 30 所示。灵活、合理地运用这些符号，会使公式更加规范和美观。

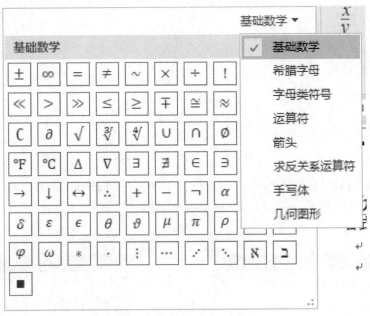

图 2 – 2 – 30　不同的符号

活动3　课后练习：编辑公式

活动3　编辑公式

在试卷中插入如下公式：

$$\sqrt{\frac{a}{b}\int_a^b f^2(t)\,dt}$$

$$\iint_\Sigma \begin{vmatrix} dydz & dzdy & dxdy \\ \dfrac{\partial}{\partial x} & \dfrac{\partial}{\partial y} & \dfrac{\partial}{\partial z} \\ P & Q & R \end{vmatrix} = \iint_\Sigma \begin{vmatrix} \cos & \cos & \cos \\ \dfrac{\partial}{\partial x} & \dfrac{\partial}{\partial y} & \dfrac{\partial}{\partial z} \\ P & Q & R \end{vmatrix}$$

球面坐标：$\begin{cases} x = r\sin\phi\cos\theta \\ y = r\sin\phi\sin\theta \\ z = r\cos\phi \end{cases}$

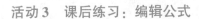

任务4　绘制几何图形

在编制数理化试卷时，永远少不了绘制图形，如数学试卷中的几何图形、物理试卷中的受力图、化学试卷中的实验装置等。那么，在利用 Word 编制试卷时，如何使用 Word 提供的各种绘图工具来绘制这些图形呢？

活动 1　绘制几何图形

绘制如图 2 – 2 – 31 所示的几何图形。

活动 1　绘制几何图形

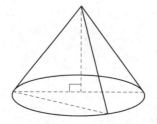

图 2 – 2 – 31　几何图形效果

步骤 1：在"页面设置"对话框中，选择"文档网格"选项卡，单击"绘图网格（W）…"按钮，如图 2 – 2 – 32 所示，在出现的"网络线和参考线"对话框中，进行如图 2 – 2 – 33 所示的设置。

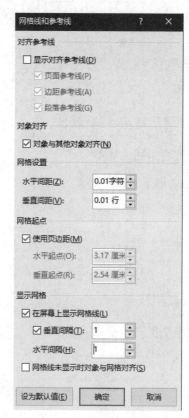

图 2 – 2 – 32　"页面设置"对话框　　　　图 2 – 2 – 33　"网格线和参考线"对话框

步骤 2：在"插入"选项卡中，单击"形状"下拉按钮，选择"基本形状"中的"等腰三角形"图标，按住"Shift"键画一个正三角形，按住"Ctrl + 光标键"进行微移，使其底边对准网格中的一条横线，如图 2 – 2 – 34 所示。

步骤 3：选择"椭圆"工具，画一个椭圆，使椭圆的宽度略小于正三角形的边长，再按

"Ctrl＋光标键"进行微移，使椭圆尺寸调节点中间的两个空心圆对准正三角形底边所在的网格横线，效果如图 2－2－35 所示。

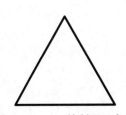

图 2－2－34　绘制正三角形

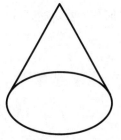

图 2－2－35　绘制椭圆

步骤 4：选择"直线"工具，绘制如图 2－2－36 所示的两条直线，使其长度分别等于椭圆的宽度和正三角形的高度（高度设置可通过双击该对象，选择"大小"选项卡进行设置），再按"Ctrl＋光标键"进行微移，最后选择"绘图"工具栏中"虚线线型"按钮，设置直线的线型为"短线型"。

步骤 5：选择"矩形"工具，按住"Shift"键画一个小正方形，使其位置如图 2－2－37 所示。

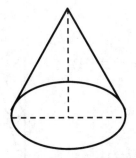

图 2－2－36　绘制虚线

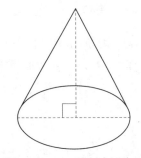

图 2－2－37　绘制小正方形

步骤 6：利用"直线"工具，绘制如图 2－2－38 所示的两条直线。在画线的过程中，可将显示比例设为"200％"，按"Alt＋光标键"对直线的长度进行微调，按"Ctrl＋光标键"进行微移，使直线尽量画得准确美观。

步骤 7：利用"文本框工具"给图形的各个顶点添上字母标示，将文本框的"填充颜色"和"线条颜色"均设为"无"，调整其位置，效果如图 2－2－39 所示。

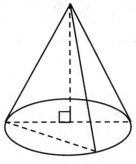

图 2－2－38　绘制直线

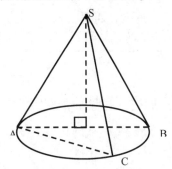

图 2－2－39　添加字母标示

步骤8：选择"图片格式"工具栏中的"选择对象"按钮，在所绘图形周围拉出一个框，选中所有图形，光标变为十字形时右击，对其进行组合，如图2－2－40所示，这样，一幅简单的几何图形就绘制完成了。

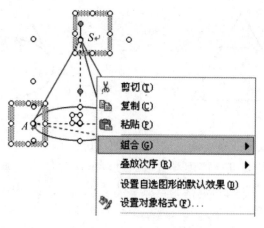

图 2－2－40　组合图形

活动2　课后练习：制作几何图形

活动2　制作几何图形

制作如图2－2－41所示几何图形。

重点提示：图2－2－41中的曲线部分可由"曲线工具"绘制，然后右击，选择"编辑顶点"，对形状进行调节。

练一练

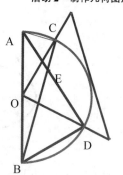

1. 结合平时考试过程中所见的试卷标题行，自行设计一个试卷头，要求包括密封线，并设置好试卷页面，添加分栏页码。

2. 用"形状"工具编辑如图2－2－42所示的效果。

图 2－2－41　几何图形

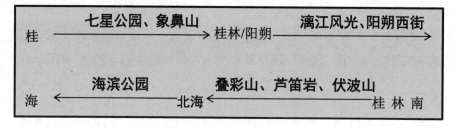

图 2－2－42　旅游路线

3. 绘制如图2－2－43所示的抛物线。

求方程 $y = ax^2 + bx + c$ 的顶点坐标，可得顶点坐标为 $\left(\dfrac{b}{-2a},\ \dfrac{4ac - b^2}{4a} \right)$。

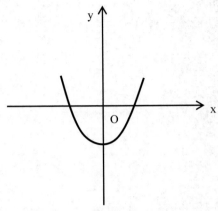

图 2－2－43　抛物线

重点提示　图中的抛物线效果可使用"自选图形"→"基本形状"中的"弧形"工具先绘制一条 1/4 弧线，然后拖动黄色小棱形块调整得到。

4. 参考本项目中的学习案例，根据提供的素材，完成试卷的编排工作。要求：

（1）试卷头包括密封线；

（2）8K 页面，添加分栏页码；

（3）各个题枝用制表符对齐；

（4）插入相关的公式和几何图形。

项目三

长文档处理

【项目介绍】

本项目中所选用的案例均为日常办公生活中会经常碰到的实际问题，能解决论文等长文档编辑中出现的问题。练习用 Word 制作长文档，掌握编辑长文档的方法和技巧。

【学习目标】

1. 掌握长文档制作的方法。
2. 掌握目录和索引制作的方法。
3. 掌握文档审阅与修订的方法。
4. 了解幻灯片的基本操作。

【素质目标】

1. 培养细致、耐心的品质。在论文格式设置过程中，需要仔细调整页面边距、行距、字体大小等细节，确保符合学术要求。要求学生具备细致和耐心的品质，不断进行细微的调整和修改。

2. 严谨的学术态度。按照学术规范和格式要求来设置论文，包括引用参考文献、编写目录、插入图表等，这要求学生具备严谨的学术态度，注重细节和准确性。

3. 提升学习技术应用能力。使用 Word 进行论文格式设置需要学生熟悉各种功能和组合键，掌握基本的排版技巧。通过学习技术应用能力，学生可以提高自己的电脑操作和信息处理能力。

任务1　长文档制作

长文档的制作是人们常常需要面临的任务，比如制作营销报告、毕业论文、宣传手册、活动计划等类型的长文档。由于长文档的纲目结构通常比较复杂，内容也较多，如果不注意使用正确的方法，那么整个工作过程可能费时费力，而且质量不能令人满意。

当完成一篇长文档的构思后，根据上面提出的工作观念，最好先把该文档的纲目框架建立好。下面通过制作一份名为《营销沙龙——策划专刊》的长文档纲目结构，如图 2 - 3 - 1 所示，学习在大纲视图中建立长文档纲目结构的基本方法。

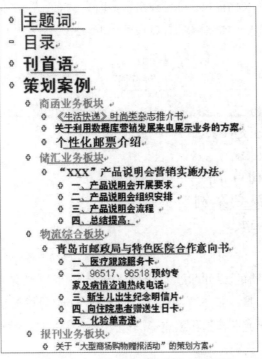

图 2-3-1　建立长文档纲目结构案例图

活动1　建立纲目结构

步骤1：启动 Word 2016，新建一个空白文档，然后单击 Word 窗口左下方的"大纲视图"按钮切换到大纲视图，如图 2-3-2 所示。

图 2-3-2　"大纲视图"按钮

步骤2：切换到大纲视图后，可以看到窗口上方出现了"大纲"工具栏，该工具栏是专门为建立和调整文档纲目结构设计的，在后面的操作中可以体会到它的方便性，如图 2-3-3 所示。

图 2-3-3　"大纲"工具栏

步骤3：先输入一级标题，可以看到输入的标题段落被 Word 自动赋予"标题 1"样式，如图 2-3-4 箭头所示。Word 为什么会这样做呢？原因在于节省了用常规方法处理文档时手动设置标题样式的时间。文档很长，标题段落很多时，就能自然地体会到 Word 这个自动化功能的好处了，图 2 – 3 – 4 中，⊕ 指示的标题段落均被设置为"标题 1"样式。

图 2 – 3 – 4　输入长文档的一级标题

步骤 4：输入长文档的二级标题，将插入点定位于"策划案例"段落的末尾，按"Enter"键后得到新的一段。如果直接输入，会发现 Word 仍然把它当成一级标题，那么用什么方法告诉 Word 现在输入的是二级标题呢？

方法 1：按"Tab"键。

方法 2：单击"大纲"工具栏的 按钮，如图 2 – 3 – 5 所示。

图 2 – 3 – 5　"大纲"工具栏的"降级"按钮

执行上述任何一个操作后，看到段落控制符（即段落前的小矩形）向右移动一格，表示该标题段落降了一级，同时，一级标题前的小矩形自动变成了十字形，表示该级标题下加入了下级标题，如图 2 – 3 – 6 所示。

步骤 5：输入"策划案例"的下属二级标题段落"商函业务板块"，按"Enter"键后，Word 默认得到新的一段二级标题段落，因此，可直接输入"储汇业务板块"。用同样方法输入其他几个二级标题，如图 2 – 3 – 7 所示。

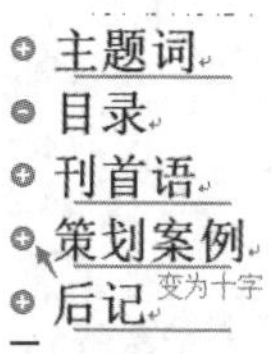

图 2 – 3 – 6　含二级标题的一级标题段落控制 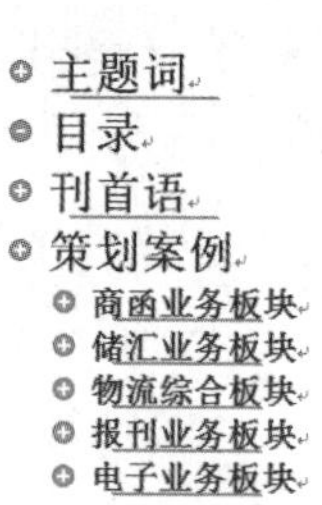　　图 2 – 3 – 7　输入其他二级标题

步骤 6：进行到这里，会发现 Word 自动为二级标题段落赋予"标题 2"的样式。用同样的方法输入二级标题"各个板块"的下属标题，后面标题等级的处理依此类推。Word 内

置了"标题1"到"标题9"及"正文文本"共 10 个样式，如图 2 – 3 – 8 所示，可以处理大纲中出现的一级到九级标题。请大家参照如图 2 – 3 – 9 所示的标题效果，输入剩余的各级标题段落。其中，"正文文本"样式用于纲目结构建立完成后，向各对应的标题填充所属的正文内容。

图 2 – 3 – 8　内置的"标题"及"正文文本"样式

● 营销沙龙
● 8 月策划专刊　（总第 5 期）
● 目录
● 第一部分：　主题词 2
● 第二部分：　刊首语 2
● 第三部分：　策划案例　3
● （一）　商函业务板块　3
● 《生活快递》时尚类杂志推介书　3
● 一、杂志型《生活快递》简介 3
● 二、个性化邮票介绍 10
● （二）　储汇业务板块　11
● "XXX"产品说明会营销实施办法　12
● 一、产品说明会开展要求 12
● 二、产品说明会组织安排 13
● 三、产品说明会流程 14
● 四、总结提高：15
● （三）　物流综合板块　15
● 青岛市邮政局与特色医院合作意向书 15
● 一、医疗跟踪服务卡 15
● 二、专家病情咨询热线电话　16
● 三、新生儿出生纪念明信片　16
● 四、向住院患者赠送生日卡　16
● 五、化验单寄递 17
● 关于"大型商场购物赠报活动"的策划方案 19
● 一、主题思想　19
● 二、购物赠报活动的形式　19
● 三、活动效应　19
● 四、具体实施步骤　20
● （四）　电子业务板块　20
● 山东邮政 2003 新年"鲜花礼仪"业务推广方案 20
● 前　言 20
● 一、推广概述　21
● 二、活动内容　22
● 三、活动费用总预算　25

图 2 – 3 – 9　输入其他各级标题效果图

步骤 7：输入完成各级标题后，可以发现，凡是含有下属标题的上级标题段落前的段落控制符均由原来的小矩形变成了十字形。如果某一级标题不包含下级标题，但向该标题输入相应的正文内容后，也可以发现段落控制符由原来的小矩形变成了十字形，如图 2 – 3 – 10 所示。其中，"主题词"和"目录"下的内容均属"正文文本"内容，正文文本内容前的段落控制符为小正方形。

步骤 8：为什么把这些符号称为段落控制符呢？现在单击"目录"前面的段落控制符，可以发现该段落及它的下属段落都被选中；双击"目录"前面的段落控制符，可以看到它的下属段落被折叠，如图 2 – 3 – 11 所示，再双击又可将其展开。可见这个小小的符号，在进行相关的操作控制时，给用户带来了不少方便。

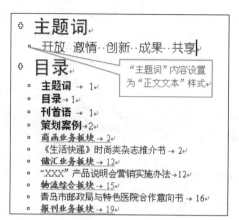

图 2 – 3 – 10　加入"正文文本"的一级标题段落控制符

图 2 – 3 – 11　"目录"的下属段落被折叠

步骤9：双击文档中所有"一级标题"前的"折叠"按钮，能看到整个文档的一级标题纲要。其实，更方便的方法是使用"大纲"工具栏上的"显示级别"命令，比如用户想看看文档的一级标题和二级标题，则单击"显示级别"下拉按钮，在弹出的列表中选择"2级"即可，如图 2 – 3 – 12 所示，这样大纲中的 1~2 级标题均自动显示。

图 2 – 3 – 12　使用"大纲"工具栏的"显示级别"命令

活动 2　调整修改纲目结构

在上面的学习过程中，了解了在大纲视图中建立长文档纲目框架的基本方法。通常，一篇文档的纲要建立后，常常需要调整修改几次才能达到满意的效果。下面就来学习在大纲视图中调整修改文档纲目框架的方法。

活动 2　调整修改纲目结构

步骤1：在活动1的案例文件中，用户想把"刊首语"及其下属段落移动到"目录"段落之前。为了让"刊首语"及其下属段落能够被整体移动，先双击它前面的段落控制符，把它折叠起来。同样，对"目录"段落进行折叠，这样"刊首语"可以作为一个整体段落直接移动到"目录"一级标题之前。

步骤2：把它们都折叠好后，单击"大纲"工具栏的"上移"按钮，如图 2 – 3 – 13 所示，移动完成后的效果如图 2 – 3 – 14 所示。

图 2 – 3 – 13　"大纲"工具栏"上移"按钮　　图 2 – 3 – 14　标题移动完成后效果

步骤 3：通过这个操作，可以体会到使用"折叠"按钮的好处，类似的移动操作都可以仿照进行。

步骤 4：下面来练习更改级别的操作。基本方法为：先选中需要更改级别的段落，然后通过"大纲"工具栏的按钮操作。假如想把文档开头"营销沙龙"段落的"一级标题"样式改为"正文文本"，使它成为文档名称，先选中"营销沙龙"段落，然后单击"大纲"工具栏上的"降级为正文文本"按钮 ⇒ 即可，如图 2 – 3 – 15 所示。其他类似标题的升级或降级操作可以依此进行。

图 2 – 3 – 15　使用"降级为正文文本"按钮

到这里为止，初步学习了在大纲视图中建立和调整文档纲目框架的基本方法，练习了各种常见的操作。这部分内容的特点是，只要了解了基本操作原理，其他类似的操作均可仿照进行。当文档的纲目框架建立、修改好后，就可以切换到普通视图或页面视图进行具体内容的填写工作了。

活动 3　设置多级标题编号

当在大纲视图中建立好文档的纲目框架后，由于 Word 自动把标题样式套用于相应的标题段落中，所以，用户可以直接为文档的标题进行编号了。假设多级标题编号的效果如图 2 – 3 – 16 所示，下面介绍具体的操作方法。

步骤 1：在活动 1 的案例文档中，选择"开始"→"编号"命令，打开"定义新编号格式"对话框，选择"多级编号"选项卡，选中第二行第二种编号方案，然后单击"自定

活动 3　设置多级
标题编号

营销沙龙
· 8月策划专刊　(总第 5 期)
⋄ 第一部分：　主题词
⋄ 第二部分：　目录
⋄ 第三部分：　刊首语
⋄ 第四部分：　策划案例
　⋄ （一）商函业务板块
　⋄ （二）储汇业务板块
　⋄ （三）物流综合板块
　⋄ （四）报刊业务板块
　⋄ （五）电子业务板块

图 2 – 3 – 16　设置多级
标题编号效果图

义"按钮，打开"自定义多级符号列表"对话框。

步骤2：选中"级别"列表框内的"1"，然后选择编号样式为"一、二、三"，在编号格式框内，"一"字符之前输入"第"，然后把光标定位到字符"一"之后，输入"部分"。以上设置表示文档中一级标题段落按"第×部分"格式进行编号，如图2-3-17所示。

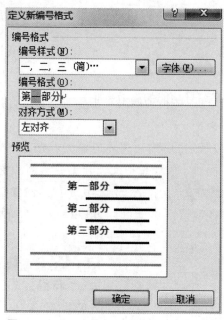

图2-3-17 设置一级标题段落编号格式

步骤3：接着选中级别列表框内的"2"，按如图2-3-18所示设置文档中二级标题段落的编号格式。

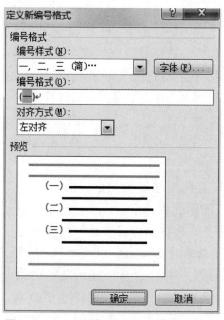

图2-3-18 设置二级标题段落编号格式

步骤4：设置完成后，单击"确定"按钮，返回文档编辑窗口，可以看到文档的一级标题和二级标题已经根据用户的自定义格式进行了编号，实际外观效果和前面的目标外观效果是一致的。

步骤5：编号完成后，就可以选择"视图"→"页面"命令，切换到"页面视图"，进行文档正文内容的填充工作了。

通过这个编号练习，相信大家能够体会到使用 Word 多级标题编号功能的高效和快捷。由于自定义多级符号列表操作比较方便，因此，用户可以轻松地制作符合自己个性的编号外观，从而高效地完成工作。值得一提的是，如制作的长文档是页数过百的产品手册、文化出版物等时，就更能体会 Word 编号功能的高效率了。

活动4　设置题注

插入图片之后，随之而来的工作就是插图编号，用 Word 的术语讲，针对图片、表格、公式一类的对象，为它们建立带有编号说明的段落，称为"题注"。在本书中，图片下方的"图2-3-1、图2-3-2"等文字就称为题注，通俗的说法就是插图的编号。

活动4　设置题注

为插图编号后，还要在正文中设置引用说明，比如文档中的"如图2-3-1所示、如图2-3-2所示"等文字，就是插图的引用说明。很显然，引用说明文字和图片是相互对应的，称这一引用关系为"交叉引用"。

明白概念以后，下面将学习如何让 Word 自动为插图编号，以及如何使用 Word 的"交叉引用"功能，在文档正文中为插图设置引用的说明文字，即"交叉引用题注"。

在进行具体练习之前，请大家检查教材自带的长文档素材及数幅图片，然后跟随下面的操作步骤一同练习，这样可以获得较好的学习效果。

步骤1：在 Word 中打开准备好的长文档"营销沙龙——8月策划专刊原文.doc"，插入点定位于第一张图片的插入位置，选择"插入"→"图片"→"来自文件"命令，把第1张图片插入文档中。

步骤2：选中这张图片，右击，在弹出的快捷菜单中选择"题注"命令，打开"题注"对话框。假设需要的编号格式为"图1、图2"等，则单击"新建标签"按钮，在弹出的"新建标签"对话框中输入"图"，输入完成后，单击"确定"按钮返回"题注"对话框，如图2-3-19所示。

图2-3-19　"题注"对话框

步骤 3：由于用户希望每次插入图片后 Word 能够自动为插图编号，所以，单击图 2 - 2 - 19 对话框中的"自动插入题注"按钮，打开"自动插入题注"对话框。在"插入时添加题注"列表框中勾选"Microsoft Word 图片"复选框，然后在"使用标签"列表框中选择"图"，位置选择"项目下方"，默认的编号输入为"1、2、3"，如图 2 - 3 - 20 所示。如果要更改编号样式，可以单击"编号"按钮，在弹出的对话框中做进一步的设置。设置完成后，单击"确定"按钮返回 Word 编辑窗口。之后，在文档中插入图片时，Word 就会自动为它们添加编号了。同样，如果文档中的表格、公式需要自动编号，只要在"自动插入题注"对话框的"插入时添加题注"列表框中勾选对应的复选框即可。

图 2 - 3 - 20 "自动插入题注"对话框

步骤 4：为了便于测试，用户把已插入文档中的第 1 张图片删去，然后把它插入进来，可以看到 Word 自动在图片的下方添加了题注"图 1"。

步骤 5：接下来把光标定位到第 2 张图片的插入位置，插入第 2 张图片，也可以看到 Word 自动在它下方添加了题注"图 2"。

步骤 6：把准备好的其余图片都插入文档中，然后使用 Word 的"交叉引用"功能为插图设置引用说明。

步骤 7：在正文中需要为插图 1 添加引用说明的位置输入"( )"，然后将光标定位于其中，选择"引用"→"交叉引用"命令，打开"交叉引用"对话框，如图 2 - 3 - 21 所示。在"引用类型"下拉列表内选择"图"，在"引用内容"下拉列表内选择"只有标签和编号"，然后在"引用哪一个题注"列表框内选中"图 1"，单击"确定"按钮后，就在正文中指定位置设置好了图 1 的引用说明。

步骤 8：这时"交叉引用"对话框并没关闭，用户可以把插入点定位于文档中需要为图 2 添加引用说明的位置，然后选中"引用哪一个题注"列表框内的"图 2"，单击"插入"按钮即可为图 2 添加引用说明。用同样的方法为其他插图在正文中添加引用说明。

图 2 - 3 - 21 "交叉引用"对话框

步骤 9：文档中所有插图的引用说明添加完成后，可以测试使用 Word "交叉引用"功能的好处。先故意删除文档中间的某幅图片，包括它的题注及引用说明。由于前面使用了 Word 自动添加题注以及"交叉引用"功能为插图添加引用说明，现在用户只需按"Ctrl + A"组合键全选文档，然后按 F9 键，Word 就可以自动更新域，让后面的题注和引用说明中的序号自动更新为正确状态。

活动5 课后练习：使用多级标题编号建立纲目结构

在大纲视图中建立如图 2 - 3 - 22 所示的纲目结构，并使用多级编号功能设置多级标题编号。

- 校园科技节活动计划
  ◇ 第一部分. 活动宗旨
    □ (一). 激发学习动力
    □ (二). 培养团队意识
  ◇ 第二部分. 参加对象
    □ (一). 物理系
    □ (二). 数学系
    □ (三). 计算机系
    □ (四). 化学系
    □ (五). 生物系
  ◇ 第三部分. 活动主体内容
    □ (一). 计算机程序设计比赛
    □ (二). 实用数学模型研究
    □ (三). 网页制作比赛
    □ (四). 科学家讲座
  ◇ 第四部分. 活动时间安排
    □ (一). 开幕式
    □ (二). 主体内容
    □ (三). 闭幕式

图 2 - 3 - 22 仿作题纲目结构效果

任务 2 目录和索引制作

长文档的正文内容输入完成之后，还需要为文档制作目录和索引。如果手动为长文档制作目录或索引，工作量相当大，而且弊端也很多，例如，当更改文档标题内容后，还要再次更改目录或索引内容。学习了 Word 的"目录和索引"功能后，就能掌握自动生成文档目录和索引的方法，这是为长文档制作目录的有效途径之一。

活动1　制作文档目录

使用"目录和索引"功能为"员工手册.doc"的文档制作目录。文档目录效果如图 2-3-23 所示。目录制作前，先来看看目录制作完成后的最终效果图，对学习目标有了初步了解之后再进行操作，这样更有利于学习效果的提高。目录制作具体操作步骤如下。

活动1　制作文档目录

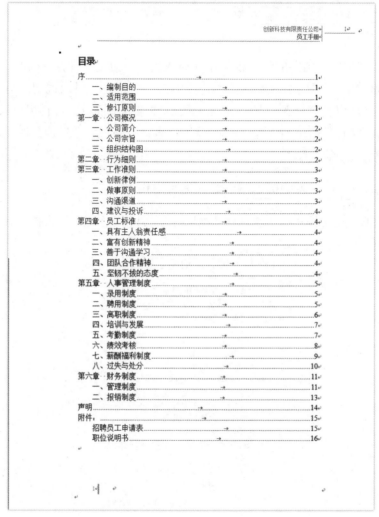

图 2-3-23　制作文档目录效果

步骤1：打开"员工手册（原始文件）"案例文档，查看文档中的各级标题是否已经设置了恰当的标题样式，例如，目录中带有形如"一、二"编号的标题，文档中把该标题设置为一级标题；目录中带有形如"（一）、（二）"编号的标题，文档中把该标题设置为二级标题；目录中带有形如"1.、2."编号的标题，文档中把该标题设置为三级标题。设置好后，可以直接进入创建目录的步骤。

步骤2：文档目录通常位于文档名称之后，于是将插入点定位于"员工手册"下一段，按"Ctrl + Enter"组合键插入了一个分页符，然后在"思科乐器销售概要"下方输入"目录"文字，按"Ctrl + E"组合键把"目录"设置为"居中对齐"。

步骤3：将插入点放在"目录"下方恰当位置，选择菜单"引用"→"目录"命令，打开"目录"对话框，选择"目录"选项卡，如图 2 - 3 - 24 所示。

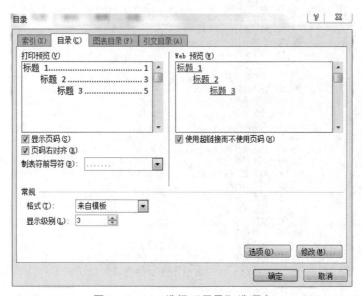

图 2 - 3 - 24 选择"目录"选项卡

步骤4：在此对话框中将设置与创建目录相关的内容。如单击"格式"框的下拉箭头，在弹出的下拉列表中选择 Word 预设置的若干种目录格式，通过预览区可以查看相关格式的生成效果，这里选择"正式"，如图 2 - 3 - 25 所示。

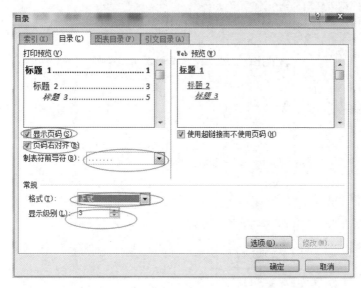

图 2 - 3 - 25 选择"正式"

步骤5：单击“显示级别”框的选择按钮，可以设置生成目录的标题级数，这里选择Word默认设置，通常情况下使用三级标题生成目录，如图2－3－26所示。如果需要调整，在此设置即可。

步骤6：单击“制表符前导符”框的下拉箭头，在弹出的列表中选择一种前导符，即设置目录内容与页码之间的连接符样式，这里选择默认的格式即点线，如图2－3－26所示。

序 1
一、编制目的 1
二、适用范围 1
三、修订原则 1
第一章 公司概况 2
一、公司简介 2
二、公司宗旨 2
三、组织结构图 2
第二章 行为细则 2
第三章 工作准则 3
一、创新律例 3
二、做事原则 3
三、沟通渠道 3
四、建议与投诉 4
第四章 员工标准 4
一、具有主人翁责任感 4
二、富有创新精神 4
三、善于沟通学习 4
四、团队合作精神 4
五、坚韧不拔的态度 4
第五章 人事管理制度 5
一、录用制度 5
二、聘用制度 5

图2－3－26 自动生成文档目录效果

步骤7：设置好与目录格式相关选项后，单击“确定”按钮，Word立即自动生成文档目录。

步骤8：目录生成后，外观并不符合案例目录的要求，这时可以根据要求进一步修改目录。对照案例目录效果图，应把目录中的一级标题文字改为“蓝色”，则进行如下操作：再次进入“目录”对话框，并选择“开始”选项卡，单击“应用样式”选项，如图2－3－27所示。

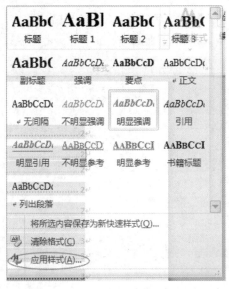

图2－3－27 “应用样式”选项

步骤 9：在"应用样式"对话框中，由于要对目录中的一级标题文字进行修改，故选中样式列表框中的"目录 1"，如图 2 - 3 - 28 所示，然后单击"修改"按钮，打开"修改样式"对话框。

图 2 - 3 - 28　"应用样式"对话框

步骤 10：单击"修改样式"对话框中的"格式"按钮，如图 2 - 3 - 29 所示，在弹出的菜单中选择"字体"命令，打开"字体"对话框后，把字体颜色改为"蓝色"，然后依次单击"确定"按钮，最后弹出"是否替换所选目录?"的询问框，如图 2 - 3 - 30 所示，单击"是"按钮后，目录中所有的一级标题文字颜色自动变为蓝色。

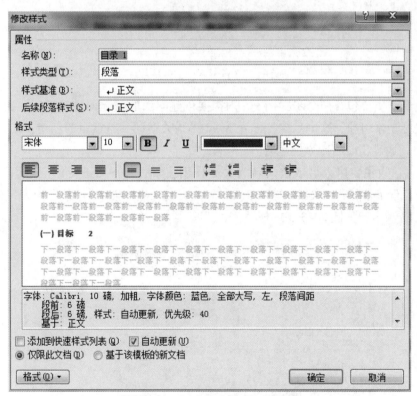

图 2 - 3 - 29　"修改样式"对话框

图 2 - 3 - 30　"是否替换所选目录?"询问框

步骤11：更改文档内容后，单击"更新目录"，在弹出的对话框中，选择"只更新页码"，如图 2 - 3 - 31 所示，单击"确定"按钮。如果有其他的修改要求，可以参照上面的操作方法进行。

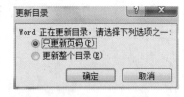

图 2 - 3 - 31 "更新目录"对话框

活动 2 索引的制作

上面的练习中介绍了目录的创建、修改与更新，基本包括了目录制作的常见任务，接下来仍然借用上面的案例文档学习索引的制作。索引制作效果如图 2 - 3 - 32 所示。

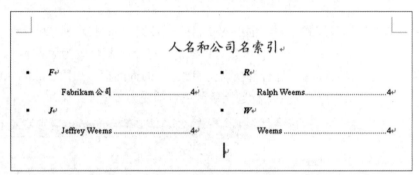

图 2 - 3 - 32 索引制作效果

索引的制作主要包含两个步骤：一是对需要创建索引的关键词进行标记，用 Word 术语来讲，就是标记索引项，这个步骤将告诉 Word 哪些关键词参与索引的创建；二是调出"索引"对话框，通过相应的命令创建索引。

步骤1：假设主要以人名或公司名为关键词创建索引，下面进行标记索引项。在文档"二、公司"部分选中第一次出现的"Ralph Weems"文本，然后打开"索引"对话框，选择"索引"选项卡，如图 2 - 3 - 33 所示。

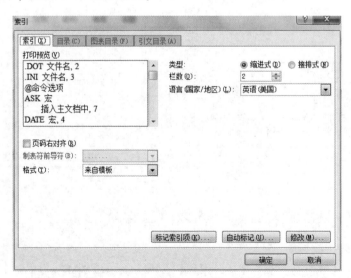

图 2 - 3 - 33 选择"索引"选项卡

步骤 2：单击"标记索引…"按钮，打开"标记索引项"对话框，如图 2 - 2 - 34 所示，可以看到"主索引项"框内自动显示了索引标记内容，这里为"Ralph Weems"，然后单击"标记"按钮完成对第一个关键词"Ralph Weems"的标记。

图 2 - 3 - 34　"标记索引项"对话框

操作技巧：Word 中将冒号"："作为各级索引项之间的分隔符，所以，在制作索引项时，若索引项含有冒号"："，则需要在其前面加上反斜杠号"\"。利用这个属性可以添加次索引项以下的第三级索引项等，方法是：直接在"标记索引项"对话框中的"次索引项"文本框中输入"："，再在其后输入第三级索引项的内容即可。

步骤 3：完成第一个关键词的标记后，可以看到"标记索引项"对话框并未关闭，因为它在等待标记第二个索引项。于是在对话框外区域单击，进入页面编辑状态。选择位于"（一）公司所有权"部分的第二个关键词"Weems 家族"，然后单击"标记索引项"对话框，将其激活后，单击"标记"按钮完成对第二个关键词"Weems 家族"的标记。

步骤 4：用同样的方法完成对后面人名或公司名等关键词的标记。

步骤 5：标记完成后，就可以进行索引目录的创建了。按"Ctrl + End"组合键，将插入点移至文档末尾，然后按"Ctrl + Enter"组合键，插入一个分页符，在新插入的页面中输入"人名和公司名索引"文本，按"Ctrl + E"组合键把段落格式设置为"居中对齐"，最后插入一个回车符。

步骤 6：打开"索引"对话框，选择"索引"选项卡，然后单击"格式"框下拉按钮，选择一种 Word 预设置的目录格式，这里选择"正式"，如图 2 - 3 - 35 所示。由于索引关键词为英文，故"语言"框中选择为"英语（美国）"，单击"确定"按钮。

活动 3　课后练习：制作专刊目录

以"行业代理协议书 . doc"文档为基础，制作如图 2 - 3 - 36 所示的目录。

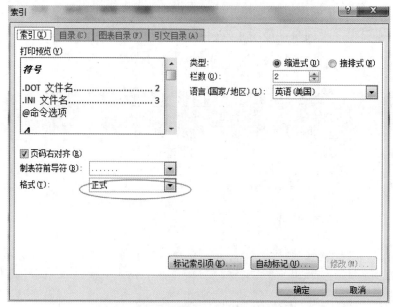

图 2 – 3 –35　设置创建索引的相应命令

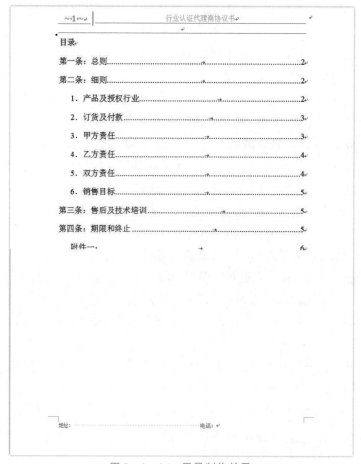

图 2 – 3 –36　目录制作效果

任务3　文档修订

在日常的团队协作过程中，常常需要多人对同一篇文稿特别是对长文档添加修改意见，然后返回原作者处，进行最后的编辑定稿。传统的处理方式是，编审人员先通过对打印原稿进行手工圈改，然后返回原作者处，原作者再根据修改意见更改并重新撰写文稿。这种处理方式的缺点在于，不仅非常容易出现错误，而且产生大量的重复劳动。同时，如果同一篇文稿需要多个编审人员增加修改意见时，那么上述传统方式几乎是难以完成的。

其实，使用 Word 提供的"修订"功能可以轻松地解决这一类问题，在大大提高工作效率，减少重复劳动的同时，还增强了文稿处理的准确性。

活动1　批改文稿

审阅者进入修订状态，设置好修订的显示状态之后，就可以开始在修订状态下批改文稿了。通常情况下，批改文稿包括两件事：一是直接修改文稿的内容；二是对文稿添加批注信息。

两者的区别在于，直接修改文稿的内容是对文稿的实际操作，它将影响文稿内容的实际变化；对文稿添加批注信息只是对文稿添加说明性内容，并不是对文稿的实际修改，对文稿添加批注信息的作用在于，原作者可以根据批注信息对文稿做进一步的修改。

1. 在修订状态下添加或删除文稿内容

步骤1：审阅者王科长在 Word 2016 中打开小林发来的文稿"江行业代理协议书"，用前面介绍的方法进入"修订"状态。

步骤2：王科长开始对文稿做相应的修改。例如，王科长认为文稿中应该添加："双方确认本合同为保密合同，未经对方书面同意，不得擅自向第三方提供。"接下来，王科长对文稿进行其他类似的添加或删除内容的修改。

步骤3：修改完成后，单击工具栏上"最终：显示标记最终状态"右侧的下拉按钮，在弹出的下拉菜单中选择"原始：显示标记原始状态"，如图 2 – 3 – 37 所示，这时在文稿的右侧版面看到以批注形式显示王科长对文稿所做的修改，例如，插入的内容如图 2 – 3 – 38 所示。

图 2 – 3 – 37　选择"原始：显示标记原始状态"

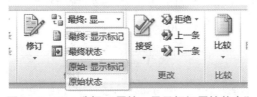

图 2 – 3 – 38　插入的内容

2. 在文稿中添加批注信息

在文稿中，如果王科长认为小林的文稿中"获利"需要写明乙方不应代理或销售与代理产品相同或类似的（不论是新的或旧的）任何产品，则可通过添加批注的方式提出修改意见，具体操作如下。

步骤1：仍然在修订状态下，将光标定位于"获利"文本后，单击"审阅"工具栏上的"插入新批注"按钮，这时在页面右边位置显示批注符号和批注框。王科长可以直接在批注框内输入批注内容"这里还应写明乙方不应代理或销售与代理产品相同或类似的（不论是新的或旧的）任务产品。"。输入完成后，单击页面批注框外任意位置即可结束添加批注，如图 2 – 3 – 39 所示。

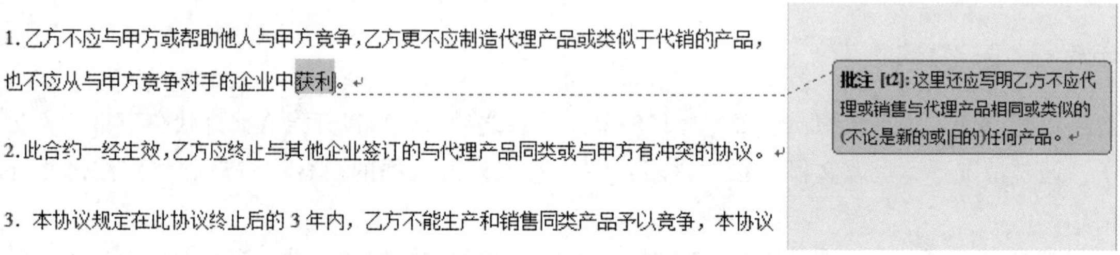

1.乙方不应与甲方或帮助他人与甲方竞争,乙方更不应制造代理产品或类似于代销的产品, 也不应从与甲方竞争对手的企业中获利。

> 批注 [t2]：这里还应写明乙方不应代理或销售与代理产品相同或类似的（不论是新的或旧的）任何产品。

2.此合约一经生效,乙方应终止与其他企业签订的与代理产品同类或与甲方有冲突的协议。

3. 本协议规定在此协议终止后的 3 年内,乙方不能生产和销售同类产品予以竞争,本协议

图 2 – 3 – 39　添加批注信息

步骤2：如果王科长认为其他地方还需要添加批注信息，则可用同样的方法进行操作。默认情况下，批注框都位于页面右边位置。

活动2　查看修订文稿

王科长审阅修改文稿后，必要时再把修改后的文稿发给赵局长做进一步的审阅修改，赵局长也用同样的方法审阅修改文稿。审阅完成后，将文稿返回给原作者小林，由小林根据审阅修改情况整合文稿。

整合文稿之前，小林可以先查看一下文稿的修订情况，了解各位领导提出的修改意见。

步骤1：小林先打开返回的文稿，将鼠标指针移到已修改的内容位置，如移到已被修改的"甲方每月应……"处，Word 立即出现包括"修订的作者、日期、时间和修订的属性"等屏幕提示信息，修订后如图 2 – 3 – 40 所示。

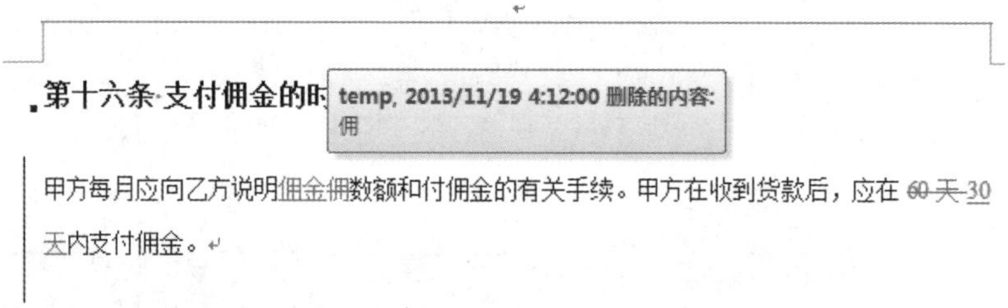

第十六条·支付佣金的时

> temp, 2013/11/19 4:12:00 删除的内容：佣

甲方每月应向乙方说明佣金佣数额和付佣金的有关手续。甲方在收到货款后，应在 60 天 30 天内支付佣金。

图 2 – 3 – 40　显示修订信息

步骤 2：如果小林还想查看更加详细的修订信息，可以先进入"修订"工作状态，显示"修订"工具栏，单击"审阅"工具栏上的"审阅窗格"按钮，即可将详细的修改信息显示于窗口的下方，如图 2 – 3 – 41 所示。

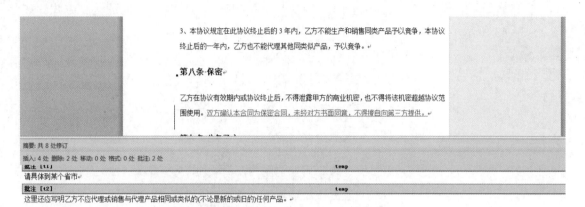

图 2 – 3 – 41 显示"审阅窗格"

步骤 3：如果文稿修订内容很多，或者有多个修订者，那么小林可以单击"审阅"工具栏上的"显示标记"下拉按钮，在弹出的下拉菜单中，去掉"批注"前面的"√"，表示不显示"批注"，而只显示被勾中的项目。这个操作可以分类显示不同的修订内容。单击"审阅者"，弹出"所有的审阅者"，也可以通过去掉某个审阅者前面的"√"，表示不显示该审阅者的修订内容，从而实现按审阅者分类查看修订内容的目的，如图 2 – 3 – 42 所示。

图 2 – 3 – 42 设置"审阅"工具栏上的"显示"命令

活动 3 整合修订文稿

小林查看完修订信息之后，对如何取舍修订意见已心中有数，下面可以进行文稿的整合工作了。这个过程主要也是做两件事情：一是接受或拒绝审阅者的修订内容；二是根据批注意见对文稿做进一步的修改完善。下面主要学习接受或拒绝审阅者修订内容的具体操作步骤。

步骤1：单击"审阅"工具栏上的"接受"下拉按钮，可以选择不同的接受方式，如图2-3-43所示。

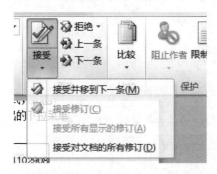

图2-3-43　设置接受方式

步骤2：同样，单击"审阅"工具栏上的"拒绝"按钮（图2-3-44），选择拒绝修订方式。

图2-3-44　拒绝修订方式

步骤3：为了加快整合文稿的速度，一般先"拒绝"，确定不接受的修订内容。小林完成拒绝部分修订内容后，表示剩下的修订内容可以全部接受了。

至此，文档内容整合的第一件事情完成，接下来根据批注信息所提意见对文稿做进一步的修改完善，最后完成文稿的修订整合工作。

活动4　课后练习：审阅文档

打开"产品代理协议.doc"文档，要求每位学生使用"批注"和"修订"功能对"产品代理协议"文档进行审阅。审阅要求如图2-3-45所示。

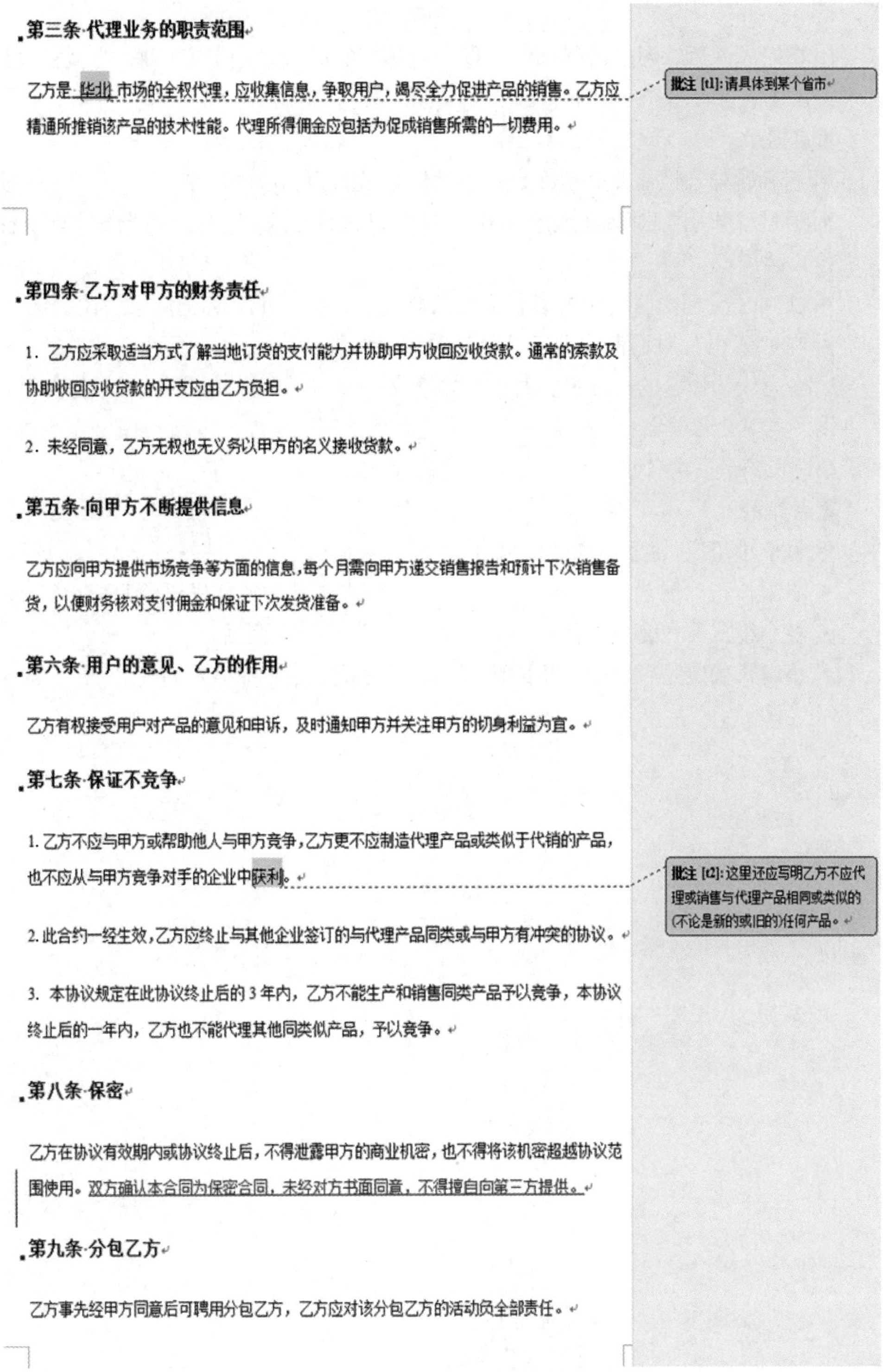

第三条·代理业务的职责范围

乙方是 华北 市场的全权代理,应收集信息,争取用户,竭尽全力促进产品的销售。乙方应精通所推销该产品的技术性能。代理所得佣金应包括为促成销售所需的一切费用。

> 批注 [u1]:请具体到某个省市

第四条·乙方对甲方的财务责任

1. 乙方应采取适当方式了解当地订货的支付能力并协助甲方收回应收贷款。通常的索款及协助收回应收贷款的开支应由乙方负担。

2. 未经同意,乙方无权也无义务以甲方的名义接收贷款。

第五条·向甲方不断提供信息

乙方应向甲方提供市场竞争等方面的信息,每个月需向甲方递交销售报告和预计下次销售备货,以便财务核对支付佣金和保证下次发货准备。

第六条·用户的意见、乙方的作用

乙方有权接受用户对产品的意见和申诉,及时通知甲方并关注甲方的切身利益为宜。

第七条·保证不竞争

1.乙方不应与甲方或帮助他人与甲方竞争,乙方更不应制造代理产品或类似于代销的产品,也不应从与甲方竞争对手的企业中获利。

> 批注 [u2]:这里还应写明乙方不应代理或销售与代理产品相同或类似的(不论是新的或旧的)任何产品。

2.此合约一经生效,乙方应终止与其他企业签订的与代理产品同类或与甲方有冲突的协议。

3. 本协议规定在此协议终止后的 3 年内,乙方不能生产和销售同类产品予以竞争,本协议终止后的一年内,乙方也不能代理其他同类似产品,予以竞争。

第八条·保密

乙方在协议有效期内或协议终止后,不得泄露甲方的商业机密,也不得将该机密超越协议范围使用。双方确认本合同为保密合同,未经对方书面同意,不得擅自向第三方提供。

第九条·分包乙方

乙方事先经甲方同意后可聘用分包乙方,乙方应对该分包乙方的活动负全部责任。

图 2 - 3 - 45 审阅要求效果

练一练

1. 在完成课后练习题的基础上，以"投标书.docx"文档为基础，为文档设计一份文档目录；在文档首页制作一份索引目录。

重点提示

- 用标题样式把需要显示在目录中的标题设置为相应的级别；
- 通过"索引"对话框设置文档目录；美化修改文档目录，创作具有个性化的文档目录；
- 找到"管理团队"中的各位高级管理人士，然后把其标记成索引关键词；
- 在"索引"对话框中进行设置，生成索引目录。

2. 在完成仿作题的基础上，每四名学生划分为一小组，每组确立一名小组长，通过团队协作，实现三名学生对同一篇文稿"调查报告.docx"进行审阅，提出修改意见，然后返回给小组长，最后由各小组长完成文稿的整合修订工作。

重点提示

- 每位小组成员把各自的邮箱地址告诉给小组长；
- 小组长正确配置 QQ 邮箱，把待审阅文稿以邮件的形式发送给每位小组成员；
- 各小组成员在完成文稿审阅后，把文稿发还给小组长；
- 小组长确定是否接受或拒绝修订内容，完成文稿的整合修订工作。

项目四

成批制作邀请函

【项目介绍】

邀请函是邀请亲朋好友或知名人士、专家等参加某项活动时所发的请约性书信。如果邀请的人数很多，可以利用邮件合并功能快速地为每一个人生成一张邀请函。

在实际工作中，常用 Word 2016 邮件合并功能来编辑大量格式一致、数据字段相同，但数据内容不同，且每条记录单独成文、单独填写的文件，如邮件信封、工资单、成绩单、各种通知等。邮件合并功能可以减少枯燥无味的重复性工作，又能显现高超的文件编辑水平，使得工作效率提高。

【学习目标】

1. 了解 Excel 和 Word 之间的合作办公。
2. 掌握设计邀请函模板的方法。
3. 掌握邮件合并的方法。

【素质目标】

1. 提高沟通能力。通过邮件合并功能，可以发送大批量的个性化邮件，需要思考如何合理地组织邮件内容，并确保信息清晰、准确地传达。这有助于培养学生的沟通能力和有效表达能力。

2. 锻炼时间管理能力。使用邮件合并功能可以节省在发送群发邮件方面的时间和精力，学生需要学会合理安排邮件发送时间，提高自己的时间管理能力。

3. 适应不同受众需求的能力。邮件合并功能允许学生根据收件人的需求和个性化信息来定制邮件内容。通过适应不同受众需求，学生可以提高自己的个性化服务意识，并更好地满足不同人群的期望。

任务1 设计邀请函模板

在制作邀请函之前，首先要制作邀请函的模板，然后在模板上填写上受邀请的人的信息。

设计邀请函模板

活动1 用 Excel 准备好受邀请的名单

在 Excel 表格中录入受邀请人员名单信息（图 2 – 4 – 1），然后保存并关闭此 Excel 文件。

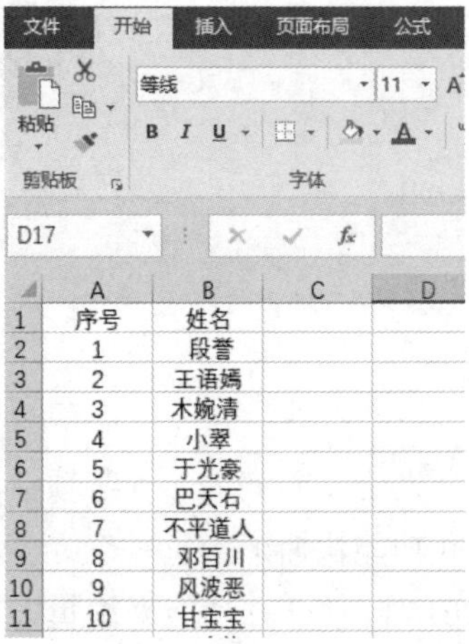

图 2 – 4 – 1 录入的受邀请人员的名单信息

活动2 引入邀请函底图

步骤1：新建一个空白 Word 文档。

步骤2：在 Windows 中，选中"邀请函 – 模板 A4. jpg"文件，按住左键不放（图 2 – 4 – 2），拖动到空白 Word 文档中，松开左键。

图 2 – 4 – 2 拖动图片到 Word 文档中

拖入图片后的效果如图 2 - 4 - 3 所示。

图 2 - 4 - 3　拖入图片后的效果

当然，也可以通过"插入"→"图片"实现此功能。

步骤 3：双击图片，出现图片的"格式"选项卡。选择"环绕文字"→"衬于文字下方"，设置图片的高度、宽度分别是 29.71 厘米、21.01 厘米，如图 2 - 4 - 4 所示。

步骤 4：选择图片，拖动图片的锚点改变其大小，拖动图片到合适的位置，使其占满整个页面。在调整图片位置的过程中，如果鼠标调整不灵活，可以使用上下左右光标键来精确调整。

步骤 5：插入文本框（图 2 - 4 - 5），在文本框中输入相应文字，进行相应的调整（图 2 - 4 - 6）。

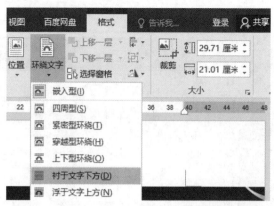

图 2 - 4 - 4　设置环绕文字、图片的高度和宽度

图 2 - 4 - 5　插入文本框

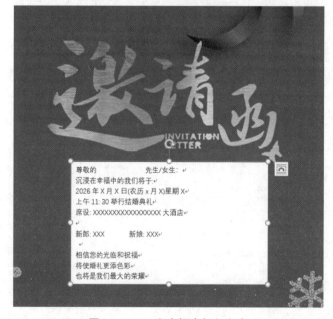

图 2 - 4 - 6　文本框中加入文字

步骤6：选中文本框，设置"形状样式"，可以设置为"预设"中的某一个，使文本框为透明样式（图2-4-7）。然后设置文本框中的字体颜色为"黄色"，效果如图2-4-8所示。

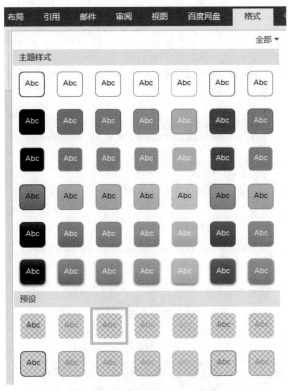

图2-4-7　设置文本框的形状样式

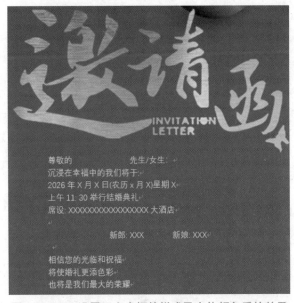

图2-4-8　设置了文本框的样式及字体颜色后的效果

这样邀请函的模板就基本建好了。

任务2 邮件合并

活动1 邮件合并

步骤1：选择"邮件"→"选择收件人"→"使用现有列表"（图2-4-9），打开前面建立的受邀人的 Excel 文件。

图 2-4-9 选择"使用现有列表"

步骤2：将光标定位到文本框中的文字——"尊敬的"后面，单击"插入合并域"，出现 Excel 中的两个字段，单击"姓名"（图2-4-10），则在光标处出现"《姓名》"，如图2-4-11所示。

图 2-4-10 插入合并域

图 2-4-11 插入"姓名"后的效果

步骤3：预览结果，如图 2 - 4 - 12 所示。单击"预览结果"按钮，在文本框中的插入域的位置就会出现 Excel 文件中的具体的姓名值。单击"上一条记录""下一条记录"按钮可以查看不同的结果。

图 2 - 4 - 12　预览结果

步骤4：单击"完成并合并"→"编辑单个文档"，如图 2 - 4 - 13 所示。在弹出在对话框中，单击"确定"按钮，如图 2 - 4 - 14 所示。

图 2 - 4 - 13　完成并合并

Word 2016 会自动生成一个新的文档，其中包含了每一个受邀请人的独立的页面，制作成功。

有的同学在制作邀请函的时候，会单击"设计"→"页面颜色"→"填充效果"，将图片作为背景来填充，如图 2 - 4 - 15 所示。

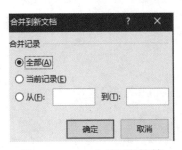

图 2 - 4 - 14　合并到新文档

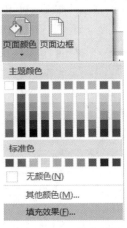

图 2 - 4 - 15　填充效果

单击"选择图片"按钮，如图 2 - 4 - 16 所示，在弹出的对话框中选取"邀请函"图片素材。

选择图片用为页面背景，制作时要注意：

①在按"Ctrl + P"组合键打印预览时，会看不到背景的图片。解决办法：单击"文

件" → "Word 选项", 在弹出的对话框中, 勾选 "显示" 中 "打印选项" 部分的 "打印背景色和图像", 如图 2 - 4 - 17 所示。

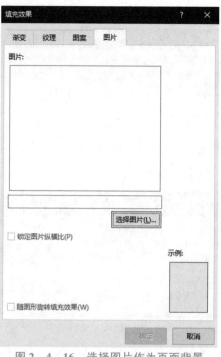

图 2 - 4 - 16 选择图片作为页面背景

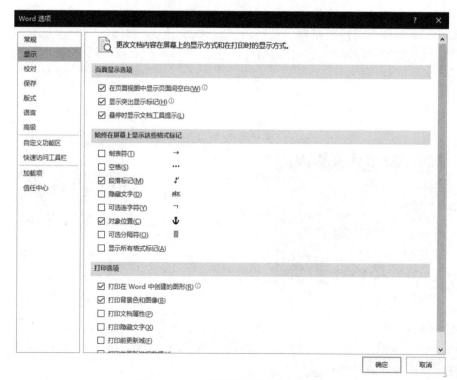

图 2 - 4 - 17 设置打印背景色和图像

②页面的显示比例控制在 100%。放大或缩小显示比例，背景图片则不能正常显示。

练一练

　　练习邮件合并功能，利用"实训练习——成绩报告单－模板.docx"和"实训练习——成绩报告单－数据.xlsx"两个文件，生成每位学生的成绩报告单。要求学生增加"班级"字段。注意：由于学生记录太多且学校机房电脑的性能问题，在生成每位同学的成绩报告单时速度会很慢，建议先删除部分记录。

第三篇

Excel 2016 的使用

项目一

快速制作员工值班表

【项目介绍】

某公司有员工若干，现要进行公司值班安排，要求每个月每名员工至少值班两次，每次值班必须要有两名员工，星期六、星期天不安排值班。那么如何进行有效的值班规划呢？可以用 Excel 快速创建一个员工值班表，问题就迎刃而解了。

根据公司值班规划要求，创建的表格应该包含日期、星期、员工姓名等元素，并且每个月必须要创建一张值班表。所以，按月来创建表格，以 4 月份的值班表为例，来制作员工值班表。

【学习目标】

1. 掌握表格单元格的设置方法。
2. 掌握表格内容的编辑与设置。
3. 掌握单元格条件格式的使用。
4. 熟悉表单控件的使用方法。

快速制作员工值班表

【素质目标】

1. 提升操作技能。能够掌握 Excel 操作的基本技能，如创建表格、插入数据、调整列宽和行高等，建立值班表的基本结构和内容。

2. 培养表格设计方面的创意和审美。能够运用 Excel 的格式设置、颜色、字体等功能，使值班表外观整洁、易读，并且具有一定的美观性。

3. 培养细致和专注的品质。仔细核对值班信息，确保数据的准确性，避免出现排班错误或格式混乱。

任务1 创建值班表表格

打开 Microsoft Excel 2016，在默认的工作簿中有 3 个工作表，分别为 Sheet1、Sheet2、Sheet3。双击或右击 Sheet1，选择"重命名"，将 Sheet1 工作表重命名为"4 月份员工值班表"，然后在窗口工作区的表格中进行内容及格式的设置。

活动1 设置列宽和行高

表格中单元格的大小可以通过设置列宽和行高来实现。这里有两种方法可以进行设置：

第一种是使用鼠标粗略设置列宽。将鼠标指针指向要改变列宽的列标之间的分隔线上，鼠标指针为水平双向箭头形状，按住左键并拖动光标，直至将列宽调整到合适宽度，放开鼠标即可。

第二种是通过"列宽""行高"命令精确设置列宽和行高。具体方法是选定需要调整行高的区域，单击"单元格"功能区中"格式"下面的三角按钮，在弹出的菜单中选择"列宽"或"行高"命令进行精确设置，如图3-1-1所示。

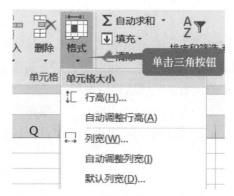

图3-1-1 精确设置列宽和行高

在值班表中，采用三栏斜表头的形式来呈现日期、星期、姓名三个信息，三栏斜表头右侧的单元格分别显示日期和星期、下侧的单元格显示员工姓名。所以，首先要调整单元格的大小。选中A1和A2单元格，用精确设置的方法将行高和列宽分别设置为20和40。三栏斜表头右侧的单元格同样需要调整列宽，选中B1：AE2区域，用精确设置的方法将列宽设置为14，如图3-1-2所示。

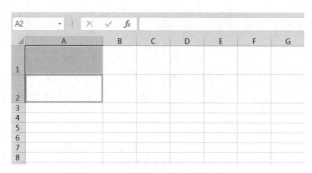

图3-1-2 单元格列宽和行高设置效果

活动2 设置单元格格式

在单元格大小设置完毕后，开始设置单元格格式。首先制作值班表的三栏表头，具体设置方法如下：

①选中 A1 和 A2 单元格，在"开始"选项卡的"对齐方式"面板中单击"合并后居中"右侧的三角按钮，在弹出的菜单中选择"合并单元格"，此时 A1 和 A2 合并为 A1 单元格。

②单击"插入"选项卡中的"形状"按钮，在出现的下拉列表中，选择"线条"中的"直线"，拖动绘制出形状，如图 3 – 1 – 3 所示。

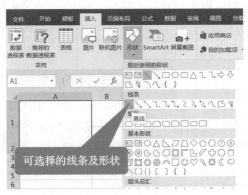

图 3 – 1 – 3　选择形状下的线条

③在 A1 单元格内用鼠标从左上角拖曳至右下，形成一条斜线；再次单击"线条"下的"直线"，绘制一条直线，将 A1 分割成三栏。

④按住"Ctrl"键分别选中 A1 单元格内的两条直线，右击，选择"设置形状格式"，在菜单面板中选择"实线"，将颜色设置为黑色，如图 3 – 1 – 4 所示。三栏斜表头的最终效果如图 3 – 1 – 5 所示。

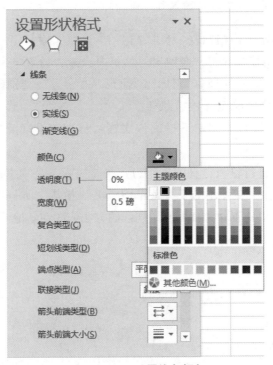

图 3 – 1 – 4　设置线条颜色

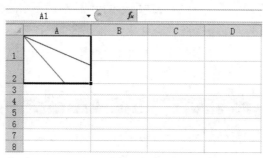

图 3 – 1 – 5　三栏斜表头最终效果

然后在 A1 单元格上方插入一行，作为值班表的标题。选定行号 1，右击，在弹出的快捷菜单中选择"插入"命令（或选择"开始"选项卡，在"单元格"功能区中单击"插入"命令），即可增加一个空行。最后选中插入的行（A1：AE1 区域），单击"对齐方式"面板中的"合并后居中"，进行单元格的合并和居中，并适当调整行高。

任务 2　设置表格内容

在表格制作完毕后，输入表格内容，主要包含表格标题、三栏斜表头中的日期、星期、姓名三个文本，以及对应月份的日期和星期、每个员工的姓名和值班情况等信息。这里用"√"表示员工值班。

活动 1　标题及三栏斜表头文本的输入

在表格的第一行内输入表格标题。双击 A1：AE1 区域，输入"XX 公司 4 月份员工值班表"。输入完毕后，右击该单元格，在弹出的菜单中选择"设置单元格格式"，在弹出的对话框中的"字体"选项卡下分别将"字体""字形""字号"分别设置为"宋体（标题）""加粗""20"，最后单击"确定"按钮即可。

在三栏斜表头中，从右上到左下栏内依次输入日期、星期、姓名。有两种方法可以实现：

第一种是用文本框进行输入，具体操作为：在"插入"选项卡的"文本"面板中单击"文本框"下的三角按钮，在弹出的下拉菜单中单击"横排文本框"，如图 3 – 1 – 6 所示，此时在三栏斜表头的相应位置输入日期，用同样的方法依次在其他两栏内分别输入星期和姓名即可。

图 3 – 1 – 6　插入文本框

第二种是通过开发工具中的 Aa 标签进行输入，具体操作为：首先将开发工具选项卡调出来，单击"文件"中的"选项"，在弹出的"Excel 选项"对话框中，在"自定义功能区"的"主选项卡"菜单中勾选"开发工具"，并单击"确定"按钮，如图 3 – 1 – 7 所示。单击"开发工具"选项卡"插入"下的三角按钮，选择"表单控件"下的 Aa 标签，如图 3 – 1 – 8 所示，此时光标变成细十字线形，在三栏斜表头的相应位置单击，即出现标签控件。用同样的方法插入另外两个标签控件，选中标签控件的文本，分别重命名为日期、星期、姓名。最终效果如图 3 – 1 – 9 所示。

图 3 – 1 – 7　自定义功能区设置

图 3 – 1 – 8　插入 Aa 标签

图 3 – 1 – 9   三栏斜表头文本输入最终效果

活动 2   值班表日期和星期的创建

在单元格中输入 Excel 可识别的日期或时间数据时，单元格的格式自动转换为相应的
"日期"或"时间"格式，而不需要去设定该单元格为"日期"或"时间"格式，输入的
日期和时间在单元格内默认为右对齐方式。在值班表中，双击 B2 单元格，在其中输入
"2016 年 4 月 1 日"，将鼠标指针指向 B2 单元格边框的右下角位置，当指针变成黑十字形
状，即为填充柄时，按住左键拖动光标到 E2 单元格，即可完成日期的自动填充，如图 3 – 1 – 10
所示。

图 3 – 1 – 10   日期的自动填充

当日期设置完毕后，在值班表的第三行填写和时间对应的日期。大家可能会想到查找
日历，然后将对应的日期依次填入单元格内，但是这种方法烦琐且效率低。在 Excel 中，
可以用转换数据类型、自动填充的方式快捷地完成上述操作，具体方法为：首先选中 B2
单元格（2016 年 4 月 1 日）并右击，在弹出的菜单中选择"复制"，或者直接按"Ctrl + C"
组合键，再选中 B3 单元格并右击，在弹出的菜单中单击"粘贴选项"下的左边第一项
（粘贴文本）或者直接按"Ctrl + V"组合键，完成日期的复制。再次右击 B3 单元格，在
弹出的菜单中选择"设置单元格格式"，在"设置单元格格式"对话框中"数字"选项
卡下的"分类"中选择"日期"，在右侧的"类型"中找到星期格式，可以根据要求选
择不同的星期格式，这里选择"星期三"这种格式，如图 3 – 1 – 11 所示，最后单击"确
定"按钮。

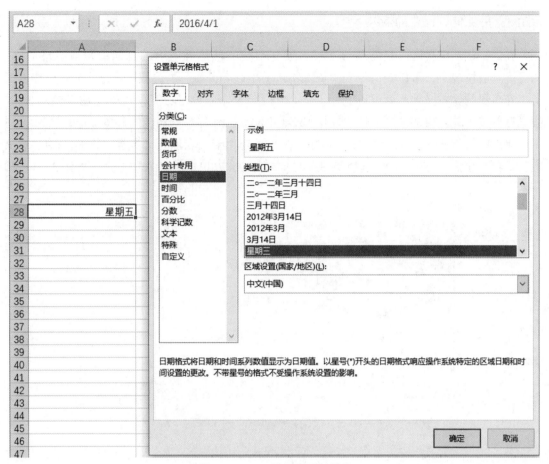

图 3 – 1 – 11　数据类型的转换

　　这时，B3 单元格内的日期就变成了和"2016 年 4 月 1 日"对应的星期了。再次选中 B3 单元格，将光标移至单元格边框线右下角位置，当指针变成黑十字形状时，按住左键拖至 E3 单元格，即完成了对应星期的填充，如图 3 – 1 – 12 所示。

	A	B	C	D	E
1		日期	2016年4月1日	2016年4月2日	2016年4月3日	2016年4月4日
2						
3	姓名	星期	星期五	星期六	星期日	星期一
4						
5						
6						
7						
8						
9						
10						
11						
12						
13						
14						

图 3 – 1 – 12　星期的填充

活动3 员工值班信息的输入

在进行值班编排时，只需在 A 列输入员工姓名，然后在对应的日期单元格中打"√"即可。一般情况下，可以在值班表中依次输入员工姓名，而后进行值班编排。如果已经有了员工花名册的文本文档，就可以利用 Excel 中的导入外部数据功能，将员工姓名导入表中。假设已有员工花名册的文本文档，使用 Excel 中的导入外部数据功能的具体操作方法如下：

①选中值班表中的 A4 单元格，单击"数据"选项卡"获取外部数据"面板中的"自文本"选项，在弹出的对话框中选择要导入的文本文档，并单击"导入"按钮，如图 3 - 1 - 13 所示。

图 3 - 1 - 13 导入"自文本"获取外部数据

②在"文本导入向导"的第 1 步中，选择"原始数据类型"面板下的"固定宽度"，并在"导入起始行"中选择 2，因为导入的是数据，所以并不需要列名这一行，如图 3 - 1 - 14 所示，然后单击"下一步"按钮。

③在"文本导入向导"的第 2 步中，选中"姓名"这一列的分列线按住，按住鼠标不放并向右拖曳，适当调整列宽，如图 3 - 1 - 15 所示。调整完毕后，单击"下一步"按钮。

④在"文本导入向导"的第 3 步中，只需要保留"姓名"这一列，可按键盘中的"Shift"键，同时选中"性别""所属部门""电话""身份证号码""家庭住址"这几列，并在"列数据格式"面板中选中"不导入此列（跳过）"，可在"数据预览"中查看当前设置的状态，如图 3 - 1 - 16 所示，最后单击"完成"按钮。

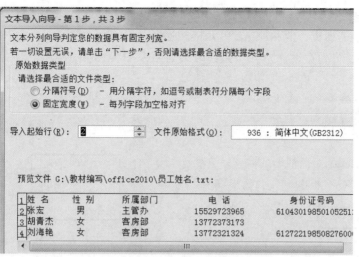

图 3 – 1 –14　设置固定宽度及起始行

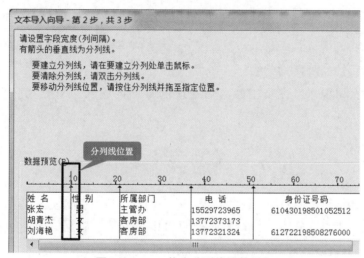

图 3 – 1 –15　拖曳分列线调整列宽

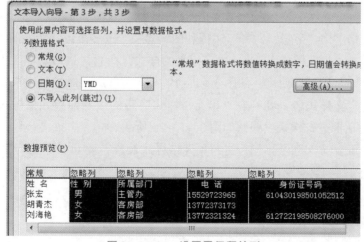

图 3 – 1 –16　设置需保留的列

⑤此时在值班表中已经可以看到员工的姓名这一列了，虽然在文本导入的第 2 步中适当调宽了"姓名"的列宽，但和原 A2 单元格相比还是窄了，如图 3 – 1 – 17 所示。所以再次选中 A2 单元格，将列宽设置为 20，最终效果如图 3 – 1 – 18 所示。

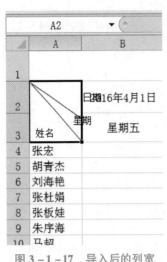

图 3 – 1 – 17　导入后的列宽

图 3 – 1 – 18　重新调整后的列宽

最后，根据公司要求，在员工姓名后对应的日期内输入"√"，完成值班表内容的输入。

任务 3　值班表外观的设置

漂亮明朗的表格会给人们一种视觉享受，让人们有兴趣去审阅表格。可以通过单元格样式的设置来美化值班表；另外，由于值班表涉及的区域较大、数据信息较多，审阅时容易出现错误，也可以通过使用条件格式及拆分和冻结窗口来解决这一问题。

活动 1　单元格样式的设置

样式是单元格字体、字号、对齐、边框和图案等一个或多个设置特性的组合，包括内置样式和自定义样式。内置样式为 Excel 内部定义的样式，在"样式"功能区中的"主题单元格样式"中，用户可以直接使用，如图 3 – 1 – 19 所示；自定义样式是用户根据需要自定义的组合设置，需定义样式名。可单击"单元格样式"里的"新建单元格样式"命令，在弹出的"样式"对话框进行样式设置，如图 3 – 1 – 20 所示。

例如，对值班表的 A 列及标题行进行单元格样式设置，现分别将样式设置成"着色 4"和"20% – 着色 4"，具体操作方法为：选中 A 列除去标题外的相关单元格，即 A2 至最后员工姓名的单元格，在"主题单元格样式"中单击"着色 4"；选中标题栏 A1 单元格，在"主题单元格样式"中单击"20% – 着色 4"即可，如图 3 – 1 – 21 所示。

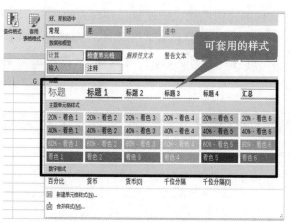

图 3 - 1 - 19　单元格内置样式

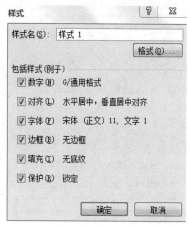

图 3 - 1 - 20　"样式"对话框

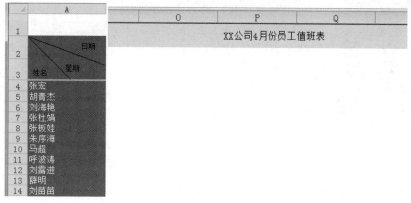

图 3 - 1 - 21　套用内置单元格样式

活动 2　套用表格格式

套用表格格式是把 Excel 2016 提供的显示格式自动套用到用户指定的单元格区域，可以使表格更加美观，易于浏览，有"浅色""中等深浅""深浅"三种类别供选择。例如，将值班表中值班编排内容套用单元格样式，设置为"表样式浅色 19"。具体操作为：选中值班表编排的单元格区域，单击"套用表格格式"下的小三角按钮，在展开的菜单中单击"表样式浅色 19"，在弹出的对话框中勾选"表包含标题"，再单击"确定"按钮，此时，在"日期"行中出现筛选箭头，如图 3 – 1 – 22 所示。

2016年4月4日	2016年4月5日	2016年4月6日	2016年4月7日	2016年4月8日
星期一	星期二	星期三	星期四	星期五
	√			
√			√	
		√		
	√			
				√
			√	
			√	

图 3 – 1 – 22 "套用表格格式"设置

筛选箭头影响了值班表的美观性，可以在"数据"选项卡的"排序和筛选"面板下单击"筛选"按钮将箭头去掉。值班表的最终效果如图 3 – 1 – 23 所示。

	A	B	C	D	E	F
1						
2	日期	2016年4月1日	2016年4月2日	2016年4月3日	2016年4月4日	2016年4月5日
3	姓名 星期	星期五	星期六	星期日	星期一	星期二
4	张宏					
5	胡青杰					√
6	刘海艳			√		
7	张杜娟	√				
8	张板娃					√
9	朱序海					
10	马超					
11	呼波涛					
12	刘雷进					
13	薛明					
14	刘苗苗	√				
15	张女女					
16	许锁芝					
17	贾支兰					
18	刘彩霞				√	
19	李秀花					
20	王白娥					
21	刘娥英					

图 3 – 1 – 23 值班表套用格式最终效果

如果想清除单元格的样式，只需选中要清除的单元格区域，在"开始"选项卡的"编辑"面板下单击"清除"下拉按钮，在弹出的菜单中选择"清除格式"即可。

活动3 单元格条件格式的使用

由于值班表内容较多，并且分布零散，在查看时难免会出现错误。希望值班表中代表员工值班的"√"符号能重点突出，从而避免错误，在 Excel 中，可以使用单元格条件格式来实现。条件格式可以对含有数值或其他内容的单元格，或者含有公式的单元格，应用某种条件来决定数值的显示格式。条件格式是利用"开始"选项卡中"样式"功能区里的"条件格式"来设置的。例如，将值班表中员工值班的"√"标记设置为红色，并加粗，具体操作步骤如下：

①选中员工值班编排的单元格区域，单击"开始"选项卡中"样式"面板下的"条件格式"按钮。

②在弹出的下拉列表中选择"突出显示单元格规则"中的"等于"命令，如图3-1-24所示。

图3-1-24　选择"等于"命令

③在弹出的"等于"对话框中，在左侧文本栏内输入"√"，在右侧"设置为"下拉菜单中选择"自定义格式"，如图3-1-25所示。

图3-1-25　设置自定义格式

④此时自动弹出"设置单元格格式"对话框，在对话框中将字体颜色设置为"红色"，字形设置为"加粗"，如图3-1-26所示。单击"确定"按钮，回到"等于"对话框，再次单击"确定"按钮即可完成设置。值班表的最终效果如图3-1-27所示。

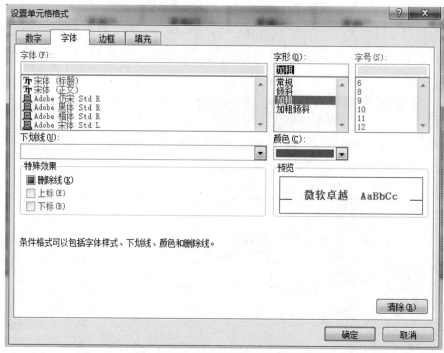

图 3 – 1 – 26　设置字体颜色和字形

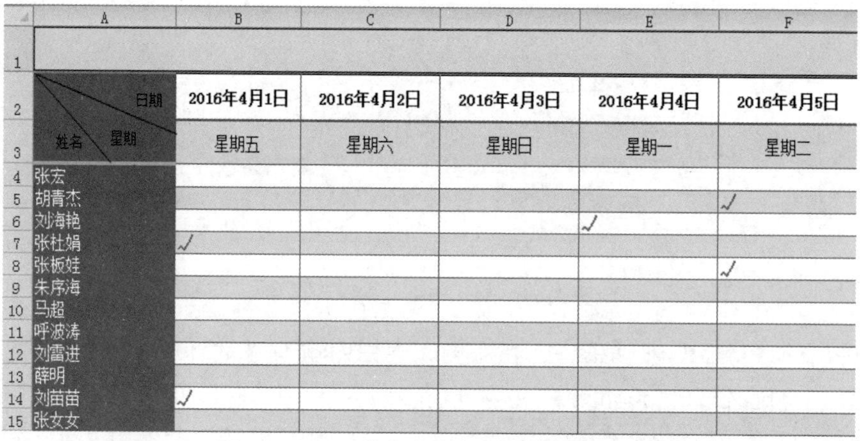

图 3 – 1 – 27　值班表自定义格式最终效果

活动 4　拆分和冻结窗口

由于值班表记录了一个月中员工值班的情况，日期为横向排列，因此，表格中列数较多。当查看员工值班情况时，必须来回拖动滚动条，很容易看了后面的内容，又忘了前面的内容。那么，有什么方法可以解决这一问题呢？可以通过对表格进行拆分和冻结窗口的操作来解决。例如，查看 4 月 1 日至 4 月 3 日的员工值班情况，将其冻结在窗口中，同时能查看 4 月 3 日之后的值班情况。具体操作为：将鼠标指针指向水平滚动条右侧的"拆分条"，当鼠标指针变成双箭头时，沿箭头方向拖动鼠标到 4 月 3 日的位置，放开鼠标即可。拖动分隔条，可以调整分隔后窗格的大小，如图 3 – 1 – 28 所示。

C	D		A	B	C
2016年4月2日	2016年4月3日		日期	2016年4月1日	2016年4月2日	2016...
星期六	星期日		姓名　星期	星期五	星期六	星...
			张宏			
			胡育杰			
			刘海艳			
			张杜娟	✓		
			张板娃			
			朱序海			
			马超			
			呼波涛			
			刘雷进			
			薛明			
			刘苗苗	✓		
			张女女			
			许锁芝			
			贾支兰			
			刘彩霞			
			李秀花			
			王白娥			
			刘娥英			

分隔条

图 3 – 1 – 28　调整分隔后窗格的大小

　　窗口拆分后，表格在左右两个窗口中同时呈现，通过这两个窗口可以独立浏览员工值班表的不同部分。在"视图"选项卡的"窗口"面板中，单击"冻结窗口"下拉按钮，在下拉列表中选择"冻结拆分窗格"命令即可，效果如图 3 – 1 – 29 所示。如果要取消拆分或冻结，只需要再次单击"窗口"面板中的"拆分"命令或"冻结窗口"下的"取消冻结窗口"命令即可。

B	C	D	N	O	P
					XX公司4月份员工值班
2016年4月1日	2016年4月2日	2016年4月3日	2016年4月13日	2016年4月14日	2016年4月15日
星期五	星期六	星期日	星期三	星期四	星期五
✓					
				✓	
			✓		
✓			✓		
					✓
				✓	
					✓

图 3 – 1 – 29　冻结窗口

练一练

1. 当 Excel 进行自动填充时，光标的形状变为（　　）。

A. 空心十字形　　　　　　　　　　B. 向左上方箭头

C. 向右上方箭头　　　　　　　　　　D. 黑十字形

2. 利用"文本导入向导"进行数据导入时，如果只想导入数据的前两列，可以（　　）。

A. 在第 1 步时，设置"导入起始行"为"2"

B. 在第 2 步时，为数据的前两列建立分列线

C. 在第 3 步时，除数据前两列外，其余列均设置为"不导入此列（跳过）"

D. 以上都不正确

3. 通过"窗口分割"（窗口拆分）操作，可以在一个文档窗口中同时看到（　　）。

A. 不同工作簿的内容

B. 同一工作簿中不同的工作表的内容

C. 同一工作表的不同部分

D. 以上三个选项都对

项目二

制作员工工作量统计表

【项目介绍】

某公司生产 A、B、C 三种类型的零件，以计件结算的方式奖励员工，现有负责生产的员工 10 名，每生产一件 A 型零件、B 型零件、C 型零件，分别奖励 1 元、2 元、3 元。设计一张员工工作量统计表，要求能够详细记录每位员工每天生产 A、B、C 三种类型零件的数量及发放金额，以 10 天为一个跨度来制作统计表，并能自动统计出生产总数及发放金额总数。在必要时，要求利用 Excel 中的函数对员工的工作量进行统计分析。

【学习目标】

1. 熟练掌握常用函数的应用。
2. 掌握公式的用法。
3. 了解单元格地址的概念。

制作员工工作量统计表

【素质目标】

1. 培养数据的整理和记录能力。确保每位员工的工作量信息准确无误地记录在表格中。

2. 培养分析思维。能够从数据中提取有价值的信息，并将其应用于决策制订中。帮助了解员工的工作负荷分布，从而做出合理的资源分配或改进建议。

3. 掌握将数学计算应用于实际问题的能力。运用数学计算和 Excel 函数，将理论知识应用于实际场景，从而培养了数学概念在实际工作中的灵活应用能力。

任务 1 创建员工工作量统计表

打开 Microsoft Excel 2016，首先将默认的工作表"Sheet1"重命名为"工作量统计表"，根据要求，可以将表格的横向单元格设置为时间、纵向单元格设置为员工姓名及对应的生产零件的件数和发放金额，最后在每行或每列的末尾进行总数的合计。

活动 1 工作表的设计

员工工作量统计表的具体设计如下：选中 A1:N1 区域，在"开始"选项卡的"对齐方式"面板中，单击"合并后居中"，并输入"员工工作量统计表"，适当调整字体和字号，并加粗，将 A1∶N1 区域作为标题行；选中 B2 单元格，右击，并在菜单中选择"设置单元格格式"，在"设置单元格格式"对话框"边框"选项卡的"边框"栏下，单击"斜线"按钮，如图 3 − 2 − 1 所示，再单击"确定"按钮，将 B2 单元格制作为斜线表头。

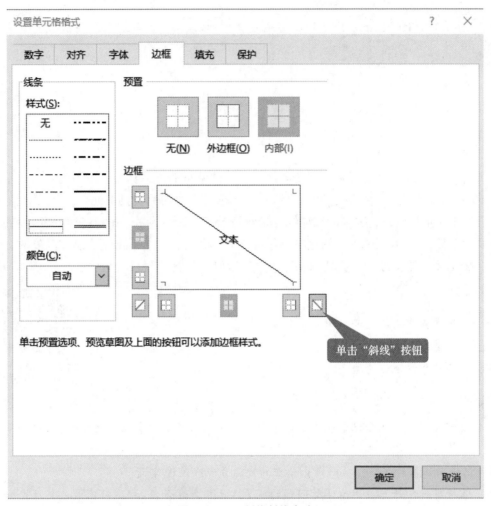

图 3 − 2 − 1　制作斜线表头

因为每个员工涉及三种零件的生产及金额的发放四个信息，每个员工信息在表格中占四行，因此，选中 A3∶A6 区域，对其进行单元格合并。然后选中合并后的单元格（A3 单元格），在"开始"选项卡下的"剪贴板"面板中，单击"格式刷"按钮，再选中 A7∶A42 区域，放开鼠标即可让该区域同时合并单元格，该区域作为员工姓名的序号。用同样的方法将 B3∶B42 区域也进行单元格合并，该区域用来输入员工姓名。选中 A43∶B46 区域，在"开始"选项卡的"对齐方式"面板中单击"合并后居中"进行合并单元格，该区域作为"合计"。最后，选中 A1∶N46 区域，右击，选择"设置单元格格式"，在对话框的"边框"选项卡中，选择"预置"下的"外边框"和"内部"，如图 3 − 2 − 2 所示，最后单击"确定"按钮，并适当调节单元格的行高和列宽。员工工作量统计表的设计效果如图 3 − 2 − 3 所示。

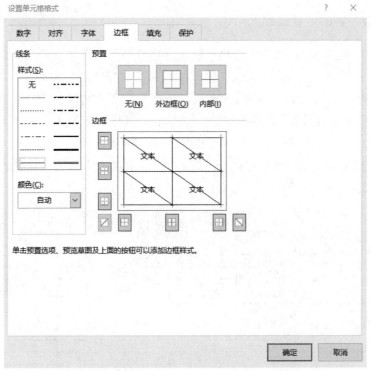

图 3 – 2 – 2　设置表格边框

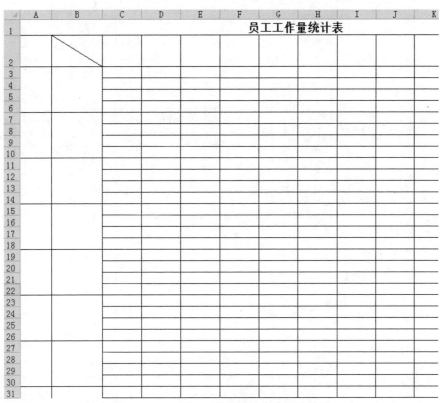

图 3 – 2 – 3　员工工作量统计表的设计效果

活动 2　工作表内容的设置及输入

在员工工作量统计表的 A2 单元格内，输入"序号"；在 B2 单元格的斜线表头内，输入"日期"，然后按"Alt + Enter"组合键，输入"姓名"；在 D2：M2 区域内，依次输入 1～10，作为天数；在 N2 单元格内输入"10 天合计数"；在 C 列和姓名对应区域的单元格内分别输入"A 型件数""B 型件数""C 型件数""金额"；在 A43 单元格内输入"合计"，在 C43：C46 区域内输入"A 型总件数""B 型总件数""C 型总件数""总金额"。

最后，将员工姓名、10 天内实际生产零件的件数依次输入员工工作量统计表内，输入完毕后的效果如图 3 - 2 - 4 所示。

	A	B	C	D	E	F	G	H	I	J	K	L	M	N
1				员工工作量统计表										
2	序号	日期＼姓名		1	2	3	4	5	6	7	8	9	10	10天合计数
3			A型件数	17	16	16	9	13	20	5	14	7	18	
4	1	张宏	B型件数	11	4	6	9	10	13	8	7	16	12	
5			C型件数	18	13	8	18	10	9	13	14	1	18	
6			金额											
7			A型件数	5	15	15	10	17	12	2	2	11	1	
8	2	胡青杰	B型件数	19	3	18	11	1	0	2	13	10	8	
9			C型件数	14	8	3	6	8	9	11	5	0	3	
10			金额											
11			A型件数	7	4	10	5	1	6	12	5	17	7	
12	3	刘海艳	B型件数	19	1	13	17	7	10	10	18	6	16	
13			C型件数	10	13	6	14	3	4	14	19	7	7	
14			金额											
15			A型件数	4	14	5	18	9	15	2	5	5	11	
16	4	张杜娟	B型件数	13	12	11	19	12	16	19	16	18	13	
17			C型件数	18	16	3	1	13	9	8	3	10	5	
18			金额											
19			A型件数	7	11	5	19	2	5	13	18	13		
20	5	张板娃	B型件数	4	20	11	15	3	3	12	10	7	2	
21			C型件数	2	19	2	2	6	20	8	0	8	9	
22			金额											
23			A型件数	5	5	3	13	0	8	4	17	20	16	
24	6	朱序海	B型件数	20	18	19	7	4	16	17	4	15	2	
25			C型件数	1	19	5	0	20	13	3	10	9	6	
26			金额											
27			A型件数	19	20	4	9	10	5	10	4	19	15	
28	7	马超	B型件数	12	12	5	0	12	3	13	7	5	3	
29			C型件数	2	7	10	9	10	14	11	4	16	3	
30			金额											
31			A型件数	7	7	4	8	13	17	9	8	17	15	
32	8	呼波涛	B型件数	4	11	9	9	9	14	19	17	19	3	
33			C型件数	3	9	5	14	8	12	18	0	7	5	
34			金额											
35			A型件数	10	8	16	7	4	2	2	19	5	3	
36	9	刘雷进	B型件数	16	3	11	19	13	6	7	5	4	18	
37			C型件数	0	5	2	18	11	2	7	0	14	13	
38			金额											
39			A型件数	7	14	6	0	16	12	8	17	4	8	
40	10	薛明	B型件数	8	19	19	11	11	12	5	10	18	2	
41			C型件数	12	15	19	7	17	17	7	13	19	8	
42			金额											
43			A型总件数											
44		合计	B型总件数											
45			C型总件数											

工作量统计表　Sheet2　Sheet3

图 3 - 2 - 4　员工工作量数据输入完毕后效果

任务2 员工的工作量情况统计分析

员工奖金的发放是依据不同零件的生产数量来计算的。员工是否出色也是依据每个员工在一定时间内生产的零件数量来判定的。所以，对员工生产零件的数量（即工作量）进行统计分析就非常有必要。在对工作量进行统计分析时，可以利用 Excel 中的函数或公式计算每个员工生产零件的总数、不同零件总共生产的数量、应发金额等信息。

活动1 利用自动求和计算员工的总工作量

在工作量统计表中，每个员工 10 天中生产零件的总数如何计算？大家可能会想到将每天生产的数量相加得出。其实不必这么麻烦，在 Excel 中，可以利用自动计算中的自动求和功能来实现。例如，计算员工张宏 10 天中生产 A 型零件的总量，具体操作为：选中 N3 单元格，在"开始"选项卡下的"编辑"面板中，单击"自动求和"按钮，此时，工作表中会出现求和函数及所选区域，如图 3 - 2 - 5 所示，按"Enter"键即可计算出总和。

员工工作量统计表										
1	2	3	4	5	6	7	8	9	10	10天合计数
17	16	16	9	13	20	5	14	7	18	=SUM(D3:M3)
11	4	6	9	10	13	8	7	16	12	SUM(number1, [number2], ...)
18	13	8	18	10	9	13	14	1	18	
5	15	15	10	17	12	2	2	11	1	
19	3	18	11	1	0	2	13	10	8	
14	8	3	6	9	11	5	0	3		

求和函数

图 3 - 2 - 5 自动求和计算总工作量

对 B、C 型零件总量的计算，可以直接复制 N3 单元格中的函数来实现。具体操作为：选中 N3 单元格，将鼠标指针指向 N3 单元格的边框上右下角位置，当指针变成黑十字形状，即为填充柄时，按住左键拖动光标到 N4:N5 区域，即可计算出 B、C 型零件总量。利用同样的方法，依次计算出其他员工在 10 天中生产零件的总量，如图 3 - 2 - 6 所示。除了自动求和，在"编辑"面板中单击"自动求和"右侧的三角按钮，在下拉菜单中还可以实现自动求平均值、自动计数等功能。

活动2 常用函数 SUM、AVERAGE、MAX、MIN 的使用

计算出了每个员工 10 天内的工作总量，可以利用 Excel 中的函数对员工工作量做进一步分析。在"合计"一栏中，如何计算每种型号每天生产的总量呢？如果利用自动求和，函数中的所选区域是连续的单元格，但是自动求和函数也属于 SUM 函数。因此，利用 SUM 函数选择要计算的区域即可。比如，计算第一天 A 型零件的生产总数，具体操作为：选中 D43 单元格，单击"公式"选项卡下的"插入函数"，在"插入函数"对话框中选择 SUM 函数，如图 3 - 2 - 7 所示，单击"确定"按钮。

1	员工工作量统计表													
2	序号	日期 姓名		1	2	3	4	5	6	7	8	9	10	10天合计数
3	1	张宏	A型件数	17	16	16	9	13	20	5	14	7	18	135
4			B型件数	11	4	6	9	10	13	8	7	16	12	96
5			C型件数	18	13	8	18	10	9	13	14	1	18	122
6			金额											
7	2	胡青杰	A型件数	5	15	15	10	17	12	2	2	11	1	90
8			B型件数	19	3	18	11	1	0	2	13	10	8	85
9			C型件数	14	8	3	6	8	9	11	5	0	3	67
10			金额											
11	3	刘海艳	A型件数	7	4	10	5	1	6	12	5	17	7	74
12			B型件数	19	1	13	17	7	10	10	18	6	16	117
13			C型件数	10	13	6	14	3	4	14	19	7	7	97
14			金额											
15	4	张杜娟	A型件数	4	14	5	18	9	15	2	5	5	11	88
16			B型件数	13	12	11	19	12	16	19	16	18	13	149
17			C型件数	18	16	3	1	13	9	8	3	10	5	86
18			金额											
19	5	张板娃	A型件数	7	11	5	19	2	3	5	13	18	13	96
20			B型件数	4	20	11	15	3	3	12	10	7	2	87
21			C型件数	2	19	2	2	6	20	8	0	8	9	76
22			金额											
23	6	朱序海	A型件数	5	5	3	13	0	8	4	17	20	16	91
24			B型件数	20	18	19	7	4	16	17	4	15	2	122
25			C型件数	1	19	5	0	20	13	3	10	9	6	86
26			金额											
27	7	马超	A型件数	19	20	4	9	10	5	10	4	19	15	115
28			B型件数	12	12	5	0	12	3	13	7	5	3	72
29			C型件数	2	7	10	5	10	14	11	4	16	3	82
30			金额											
31	8	呼波涛	A型件数	7	7	4	8	13	17	9	8	17	15	105
32			B型件数	4	11	9	9	9	14	19	17	19	3	114
33			C型件数	3	9	5	14	8	12	18	0	7	5	81
34			金额											
35	9	刘雷进	A型件数	10	8	16	7	4	2	2	19	5	3	76
36			B型件数	16	3	11	19	13	6	7	5	4	18	102
37			C型件数	0	5	2	18	11	2	7	0	14	13	72
38			金额											

图 3－2－6　员工生产总量的计算

此时弹出“函数参数”对话框，在 Number1 文本框内将默认的单元格区域删除，按“Ctrl”键依次选中每个员工第一天生产的 A 型零件的件数，即 D3、D7、D11、…、D39，再次单击“确定”按钮，此时就算出了第一天 A 型零件生产的总数。复制函数可以算出 10 天中 A 型零件每天的生产总数，用同样的方法也可以计算出 B、C 型零件每天生产的总数，如图 3－2－8 所示。

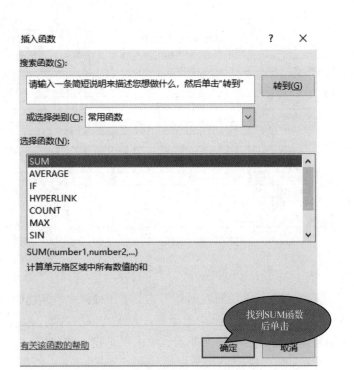

图 3 – 2 – 7　插入 SUM 函数

　　除了求和，也可以用 Excel 中的常用函数对工作量进行求平均、最大值、最小值等计算，从而进一步对员工工作量进行细化分析。先在员工工作量统计表的"10 天合计数"下右侧添加"平均生产数""最大生产数""最小生产数"三列，并用格式刷工具将单元格格式和表格的一致。首先对员工张宏进行计算，具体操作步骤为：选中 O3 单元格，单击"公

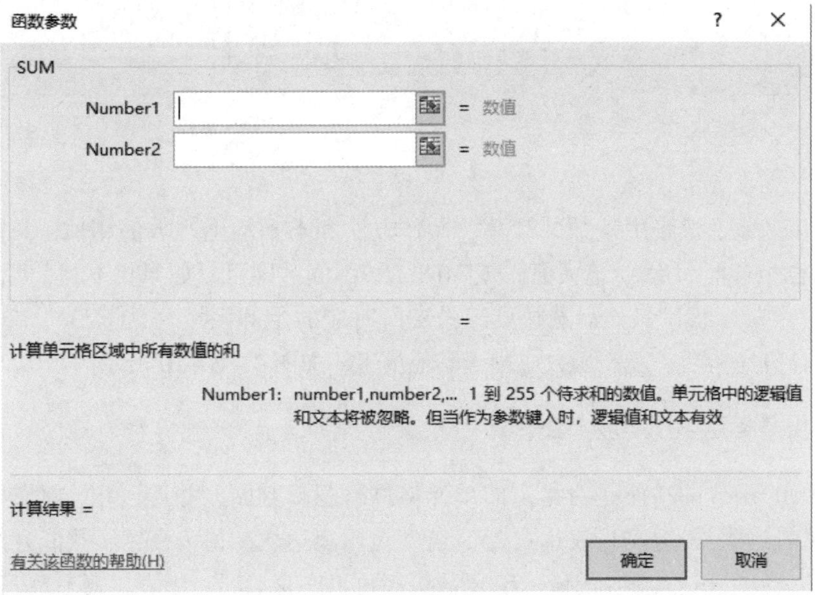

图 3 – 2 – 8　利用 SUM 函数计算每天生产零件总数

B	C	D	E	F	G	H	I	J	K	L	M	N
	金额											
刘雷进	A型件数	10	8	16	7	4	2	2	19	5	3	76
	B型件数	16	3	11	19	13	6	7	5	4	18	102
	C型件数	0	5	2	18	11	2	7	0	14	13	72
	金额											
薛明	A型件数	7	14	6	0	16	12	8	17	4	8	92
	B型件数	8	19	19	11	11	12	5	10	18	2	115
	C型件数	12	15	19	7	17	17	7	13	19	8	134
	金额											
合计	A型总件数	88	114	84	98	85	100	59	104	123	107	962
	B型总件数	126	103	122	117	82	93	112	107	118	79	1059
	C型总件数	80	124	63	85	106	109	100	68	91	77	903
	总金额											

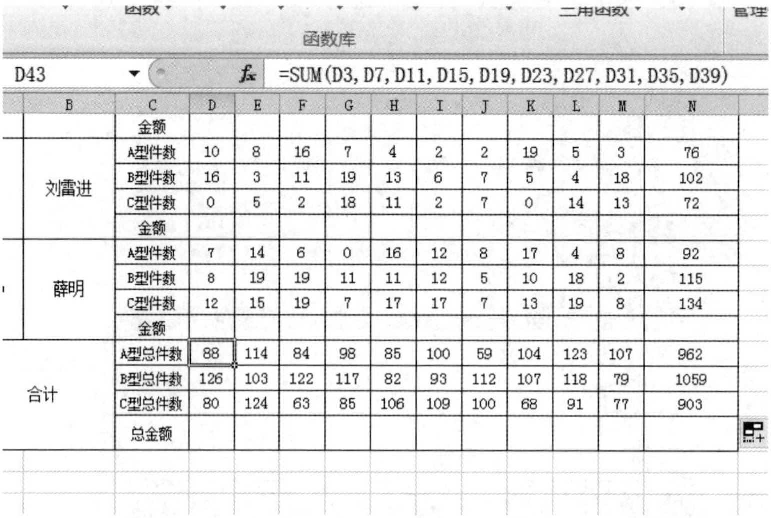

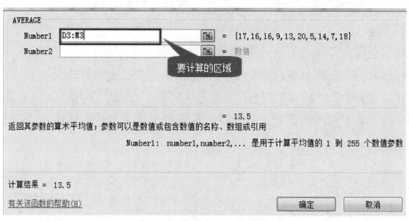

图 3-2-8　利用 SUM 函数计算每天生产零件总数（续）

式”选项卡下的“插入函数”，在“插入函数”对话框中选择 AVERAGE 函数，单击“确定”按钮，和 SUM 函数一样，在对话框中选择要计算平均值的区域，员工张宏对应的 A 型零件的生产区域为 D3:M3，如图 3-2-9 所示，单击“确定”按钮即可。

图 3-2-9　求平均生产数

对最大生产数、最小生产数的计算，操作方法和求平均生产数的相似，只需在“插入函数”对话框中选择 MAX（最大值）或 MIN（最小值）即可。如果找不到，可以在类别中选择“全部”或“统计”，然后选择员工张宏所对应的生产区域（D3:M3），单击“确定”按钮即可。计算完毕后，复制函数应用于其他员工，如图 3-2-10 所示。

活动 3　利用条件函数 IF 进行工作量考核

Excel 中 IF 函数的功能是对指定的单元格进行逻辑判断，并返回相应的值，语法格式为：IF(逻辑表达式,表达式 1,表达式 2)，若“逻辑表达式”值为真，函数值为“表达式 1”的值；否则，为“表达式 2”的值。IF 函数最多可以嵌套七层，用表达式 1 及表达式 2 参数可以构造复杂的判断条件。

10天合计数	平均生产数	最大生产数	最小生产数
135	13.5	20	5
96	9.6	16	4
122	12.2	18	1
90	9	17	1
85	8.5	19	0
67	6.7	14	0
74	7.4	17	1
117	11.7	19	1
97	9.7	19	3
88	8.8	18	2
149	14.9	19	11
86	8.6	18	1
96	9.6	19	2
87	8.7	20	2
76	7.6	20	0
91	9.1	20	0
122	12.2	20	2
86	8.6	20	0
115	11.5	20	4

图 3 – 2 – 10 最大生产数、最小生产数的计算

公司对员工的评价往往体现在员工的工作量中，即生产零件的数量。现假设 10 天内生产各零件的数量大于等于 120 的员工考核为优秀、大于等于 80 且小于 120 的员工考核为良好、小于 80 的员工考核为一般，在工作表右侧添加一列，名为员工考核，并用格式刷工具将单元格格式和表格的一致。用 IF 函数进行判断，具体操作为：

①选中 R3 单元格，在"公式"面板中单击"插入函数"。

②在"插入函数"对话框中选择 IF 函数，并单击"确定"按钮。

③此时弹出"函数参数"对话框，其中的 Logical_test 为逻辑表达式，在其文本框中输入"N3 >=120"，Value_if_true 为表达式 1，在其文本框中输入"优秀"，Value_if_false 为表达式 2，在这里使用嵌套，在文本框中输入"IF(N3 >=80,"良好","一般")"，如图 3 – 2 – 11 所示。注意，在使用嵌套时，标点的输入必须在英文输入法下进行。最后单击"确定"按钮。

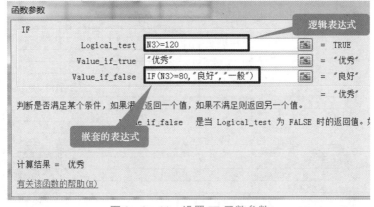

图 3 – 2 – 11 设置 IF 函数参数

④选中 R3 单元格，按“Ctrl + V”组合键进行函数复制，按“Ctrl”键依次选中员工张宏对应的 B、C 型零件生产总量以及其他员工的生产总量，按“Ctrl + V”组合键进行粘贴，所有员工的考核情况即可判断出来，如图 3 – 2 – 12 所示。

"良好","一般"))

N	O	P	Q	R
10天合计数	平均生产数	最大生产数	最小生产数	员工考核
135	13.5	20	5	优秀
96	9.6	16	4	良好
122	12.2	18	1	优秀
90	9	17	1	良好
85	8.5	19	0	良好
67	6.7	14	0	一般
74	7.4	17	1	一般
117	11.7	19	1	良好
97	9.7	19	3	良好
88	8.8	18	2	良好
149	14.9	19	11	优秀
86	8.6	18	1	良好

图 3 – 2 – 12　IF 函数判断员工考核情况

活动 4　OFFSET、COUNTIF、COUNTIFS 函数的使用

在员工考核统计完成后，利用函数对员工考核奖金发放进行统计。在工作表 Sheet2 中建立一张“员工考核奖金发放”表，表中包含员工姓名、性别、生产总量、考核等第、考核金额、排名等信息，如图 3 – 2 – 13 所示。假设生产总量在 300 以上的员工考核为优秀、260 ~ 300 之间的为良好、260 以下的为一般，现做以下统计：①计算每个员工生产总量；②统计考核优秀员工的数量；③统计考核优秀男员工和女员工的数量。

A1　　fx　员工考核奖金发放

	A	B	C	D	E	F	G
1	员工考核奖金发放						
2	序号	姓名	性别	生产总里	考核等第	考核金额	排名
3	1	张宏	男				
4	2	胡青杰	男				
5	3	刘海艳	女				
6	4	张杜娟	女				
7	5	张板娃	女				
8	6	朱序海	男				
9	7	马超	男				
10	8	呼波涛	女				
11	9	刘雷进	男				
12	10	薛明	女				
13	男员工考核金额总额						
14	女员工考核金额总额						
15	考核金额总额						

图 3 – 2 – 13　建立员工考核奖金发放表

要统计以上列出的数据，首先要计算出生产总量。生产总量即每个员工 10 天内生产的 A、B、C 三种零件的总和，这些数据都在工作量统计表中，要在员工考核奖金发放表中进行计算，该如何实现呢？对于这个问题，在 Excel 中可以采用跨工作表的计算方式来实现。

单元格地址的一般形式为"[工作簿文件名]工作表名!"。单元格地址在引用当前工作簿的各工作表单元格地址时，当前"[工作簿文件名]"可以省略，引用当前工作表单元格的地址时，"工作表名!"可以省略。所以，在员工考核奖金发放表中计算员工的生产总量，必须引用跨工作表单元格的方式进行。在对员工张宏生产总量进行计算时，具体操作方法为：选中 D3 单元格，单击"公式"面板中的"插入函数"，在对话框中选择求和函数 SUM，单击"确定"按钮。切换到工作量统计表中，选择 N3：N5 区域，此时参数中会自动显示"工作量统计表! N3：N5"，即引用跨工作表的单元格，单击"确定"按钮计算出员工张宏 10 天的生产总量。但是，当进行函数复制时，其他员工 10 天的生产总量就会出现错误，这是因为在进行复制时引用的是单元格的相对地址，N3：N5 区域会随着目标单元格位置的变化而变化，单元格地址的引用将在任务 3 中具体阐述。那么如何实现跨工作表进行三组数据的计算，并将结果放在连续的单元格里呢？这里使用 OFFSET 函数嵌套在 SUM 函数中来实现。

OFFSET 函数以指定的引用为参照系，通过给定偏移量得到新的引用。返回的引用可以为一个单元格或单元格区域，并可以指定返回的行数或列数。

OFFSET 函数的语法格式是：OFFSET(Reference,Rows,Cols,Height,Width)，中文翻译即为：OFFSET(引用区域,行数,列数,[高度],[宽度])。参数说明如下：

Reference：作为偏移量参照的单元格区域，该区域必须为单元格或连续单元格区域，否则，返回错误。

Rows：行偏移量，如果是正数，则在参照单元格的下方，负数则在参照单元格的上方。

Cols：列偏移量，如果是正数，则在参照单元格的右侧，负数则在参照单元格的左侧。

Height 和 Width：分别表示返回引用区域的行数和列数。

如果在函数中省略参数，则省略的部分与参照区域相同，比如省略行数，表示没有行偏移，即引用区域和参照区域在同一行；省略高度或宽度，表示引用区域高度、宽度和参照的相同。

从出错原因分析可知：因为引用的是相对地址，复制 SUM 函数到下一个单元格时，工作量统计表中的求和区域由原来的 N3：N5 变为 N4：N6，而下一组数据正确的单元格地址为 N7：N9，所以，应该再向下偏移 3 行，因此，修改员工考核奖金发放表中的 SUM 函数，将 OFFSET 函数嵌套在其中。修改方法为：选中表中的 D3 单元格，在函数编辑栏中输入 " = SUM(OFFSET(工作量统计表! N3,(ROW() – 3) * 3,,3))"，如图 3 – 2 – 14 所示。按 "Enter"键，然后复制函数到其他单元格中。

在嵌套函数中，OFFSET 以工作量统计表中的 N3 为参照单元格，ROW()表示返回当前单元格 N3 的行数，这样，计算第一名员工函数为：SUM(OFFSET(工作量统计表! N3,0,, 3))，表示计算区域不偏移，取 3 行单元格进行计算；计算第二名员工函数为：SUM (OFFSET(工作量统计表! N4,3,,3))，表示向下偏移 3 行，取 3 行单元格进行计算，即 N7： N9，依此类推。

图 3 - 2 - 14　SUM 函数嵌套 OFFSET 函数

根据假设，利用 IF 函数先将员工的考核等第判断出来，如图 3 - 2 - 15 所示，而后利用 COUNTIF 函数统计考核优秀的员工数量。

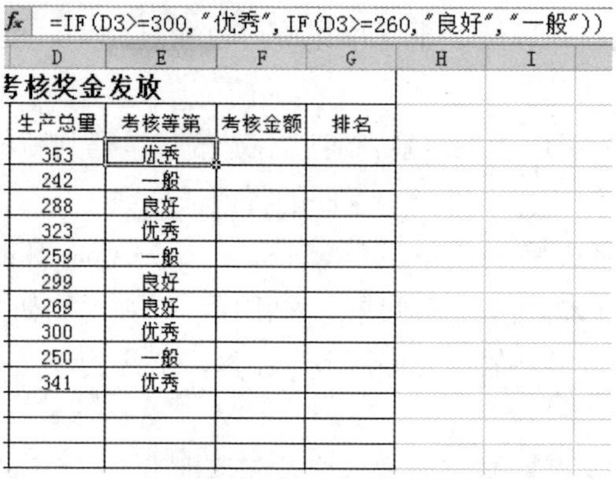

图 3 - 2 - 15　IF 函数判断考核等第

COUNTIF 函数格式为：（条件数据区，"条件"），统计"条件数据区"中满足给定"条件"的单元格的个数。COUNTIF 函数只能对给定的数据区域中满足一定条件的单元格统计个数。

要统计考核优秀员工的数量，只要统计"优秀"单元格的数量即可。先在表格下插入一行"考核优秀员工数量"，统计的具体操作为：选中 B16 单元格，单击"插入函数"，并在对话框中选择"COUNTIF"，单击"确定"按钮，在函数参数中的 Range 中选择 E3:E12 区域，在 Criteria 中输入"优秀"并单击"确定"按钮，如图 3 - 2 - 16 所示，即可计算出优秀员工的数量。计算结果如图 3 - 2 - 17 所示。

统计考核优秀的男员工和女员工的数量，就要 COUNTIFS 函数来实现。与 COUNTIF 函数相比，区别在于 COUNTIFS 函数能够统计多个不同区域中满足一定条件的单元格数量。函数格式为：（条件数据区1，"条件1"，条件数据区2，"条件2"，…）。统计优秀男员工和女员工的具体操作为：选中目标单元格，单击"插入函数"，并在对话框中选择"COUNTIFS"，单击"确定"按钮。在"函数参数"对话框中，Criteria_range1 选择 C3:C12 区域，在 Criteria1 中输入"男"，在 Criteria_range2 中选择 E3:E12 区域，在 Criteria2 中输入"优秀"，如图 3 - 2 - 18 所示，单击"确定"按钮即可。同理，可计算出女员工考核优秀的数量。最终结果如图 3 - 2 - 19 所示。

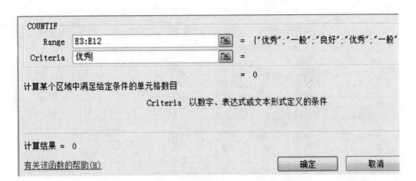

图 3 – 2 – 16　COUNTIF 函数参数设置

序号	姓名	性别	生产总量	考核等第	考核金额	排名
			员工考核奖金发放			
序号	姓名	性别	生产总量	考核等第	考核金额	排名
1	张宏	男	353	优秀		
2	胡青杰	男	242	一般		
3	刘海艳	女	288	良好		
4	张杜娟	女	323	优秀		
5	张板娃	女	259	一般		
6	朱序海	男	299	良好		
7	马超	男	269	良好		
8	呼波涛	女	300	优秀		
9	刘雷进	男	250	一般		
10	薛明	女	341	优秀		
男员工考核金额总额						
女员工考核金额总额						
考核金额总额						
考核优秀员工数量	4					

B16　=COUNTIF(E3:E12,"优秀")

图 3 – 2 – 17　COUNTIF 函数统计结果

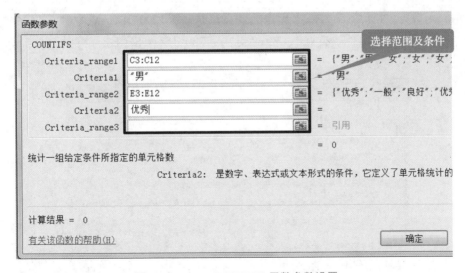

图 3 – 2 – 18　COUNTIFS 函数参数设置

F16	▼		fx	=COUNTIFS(C3:C12,"女",E3:E12,"优秀")				
▲	A	B	C	D	E	F	G	H
1			员工考核奖金发放					
2	序号	姓名	性别	生产总量	考核等第	考核金额	排名	
3	1	张宏	男	353	优秀			
4	2	胡青杰	男	242	一般			
5	3	刘海艳	女	288	良好			
6	4	张杜娟	女	323	优秀			
7	5	张板娃	女	259	一般			
8	6	朱序海	男	299	良好			
9	7	马超	男	269	良好			
10	8	呼波涛	女	300	优秀			
11	9	刘雷进	男	250	一般			
12	10	薛明	女	341	优秀			
13	男员工考核金额总额							
14	女员工考核金额总额							
15	考核金额总额							
16	考核优秀员工数量	4	考核优秀男员工数量		1	考核优秀女员工数量	3	

图 3-2-19　COUNTIFS 函数统计最终结果

活动 5　多条件判断、SUMIF、SUMIFS 函数的使用

假设考核优秀的男员工奖励 1 000 元、考核优秀的女员工奖励 1 200 元、考核良好的男员工奖励 700 元、考核良好的女员工奖励 800 元、考核一般的员工奖励 500 元，现做以下计算：①计算每位员工的考核金额；②计算考核发放的总金额；③分别计算男员工和女员工的考核总金额。

根据假设，考核金额的计算从员工性别和考核两个方面进行考虑，因此，采用多条件判断来计算。多条件判断利用 IF 条件判断函数嵌套 AND 函数来实现，AND 函数的作用为多条件判断，返回值是 true 或者 false，函数格式：AND(条件 1,条件 2,…)。具体操作方法为：选中 F3 单元格，单击"插入函数"，并在对话框中选择 IF 函数，在"函数参数"对话框中进行 AND 嵌套使用，输入如图 3-2-20 所示内容，单击"确定"按钮。此时函数编辑栏中对应显示的函数为 =IF(AND(E3="优秀",C3="男")，1000,IF(AND(E3="优秀",C3="女")，1200,IF(AND(E3="良好",C3="男")，700,IF(AND(E3="良好",C3="女")，800,500))))。

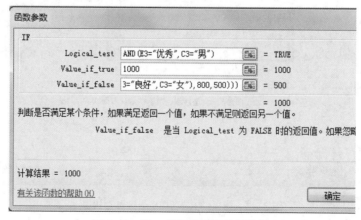

图 3-2-20　多条件判断参数设置

现在已经可以看到员工张宏的考核金额为 1 000，选中 F3 单元格，将函数复制并应用于其他员工考核金额的计算，如图 3 – 2 – 21 所示。

	A	B	C	D	E	F	G
1	员工考核奖金发放						
2	序号	姓名	性别	生产总量	考核等第	考核金额	排名
3	1	张宏	男	353	优秀	1000	
4	2	胡青杰	男	242	一般	500	
5	3	刘海艳	女	288	良好	800	
6	4	张杜娟	女	323	优秀	1200	
7	5	张板娃	女	259	一般	500	
8	6	朱序海	男	299	良好	700	
9	7	马超	男	269	良好	700	
10	8	呼波涛	女	300	优秀	1200	
11	9	刘雷进	男	250	一般	500	
12	10	薛明	女	341	优秀	1200	
13	男员工考核金额总额						
14	女员工考核金额总额						
15	考核金额总额						
16	考核优秀员工数量	4	考核优秀男员工数量	1	考核优秀女员工数量	3	

图 3 – 2 – 21　员工考核金额计算结果

员工考核总金额的计算较为简单，只需用求和函数 SUM 完成即可，而对于男、女员工考核总金额的计算，需用条件求和函数 SUMIF 来完成。条件求和函数 SUMIF 格式为：（条件数据区,条件,求和数据区）。SUMIF 函数的原理是在"条件数据区"中查找满足"条件"的单元格，计算满足条件的单元格对应于"求和数据区"中数据的累加和。现利用 SUMIF 函数计算的具体操作为：选中目标单元格，在"插入函数"中选择 SUMIF 函数，在"函数参数"对话框中设置 Range 为 C3:C12 区域，Criteria 为"男"，Sum_range 为 F3:F12 区域，如图 3 – 2 – 22 所示，单击"确定"按钮。

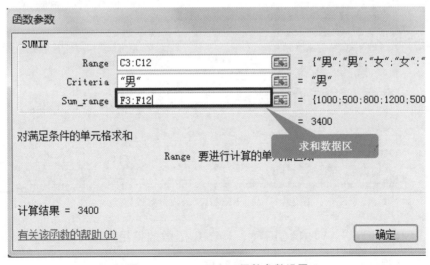

图 3 – 2 – 22　SUMIF 函数参数设置

同理，女员工考核金额的计算也利用 SUMIF 函数来完成，计算结果如图 3 – 2 – 23 所示。

	C14		▼	fx	=SUMIF(C3:C12,"女",F3:F12)	

	A	B	C	D	E	F	G
1			员工考核奖金发放				
2	序号	姓名	性别	生产总量	考核等第	考核金额	排名
3	1	张宏	男	353	优秀	1000	
4	2	胡青杰	男	242	一般	500	
5	3	刘海艳	女	288	良好	800	
6	4	张杜娟	女	323	优秀	1200	
7	5	张板娃	女	259	一般	500	
8	6	朱序海	男	299	良好	700	
9	7	马超	男	269	良好	700	
10	8	呼波涛	女	300	优秀	1200	
11	9	刘雷进	男	250	一般	500	
12	10	薛明	女	341	优秀	1200	
13	男员工考核金额总额		3400				
14	女员工考核金额总额		4900				
15	考核金额总额		8300				
16	考核优秀员工数量	4	考核优秀男员工数量	1	考核优秀女员工数量	3	

图 3-2-23　考核金额计算结果

如果进一步细化,根据考核等第分别计算男、女员工考核金额总额,可用 SUMIFS 函数来完成。和 COUNTIFS 函数类似,SUMIFS 函数为多条件求和函数,其函数格式为:(求和数据区,条件数据区1,条件1,条件数据区2,条件2,…)。例如,计算考核良好的男员工金额总额,具体操作为:选中目标单元格,单击"插入函数",并在对话框中选择 SUMIFS 函数,在"函数参数"对话框中,计算区域 Sum_range 选择 F3:F12 区域,Criteria_range1 选择 C3:C12 区域,在 Criteria1 中输入"男",在 Criteria_range2 中选择 E3:E12 区域,在 Criteria2 中输入"良好",单击"确定"按钮,如图 3-2-24 所示。通过多条件求和函数 SUMIFS 计算得出考核良好的男员工金额总额为 1 400 元。

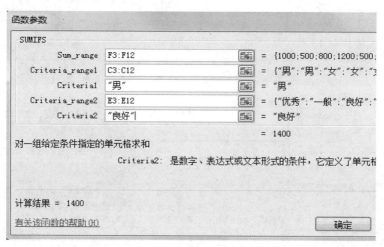

图 3-2-24　SUMIFS 函数参数设置

活动6　AVERAGEIF、AVERAGEIFS、RANK 函数的使用

基于以上数据,现进一步细化分析,计算男、女员工的平均生产总量,并考核优秀男、女员工的平均生产总量,根据生产总量对员工进行排名。在表格下方单元格内分别输入"男员工平均生产总量""女员工平均生产总量""优秀男员工平均生产总量""优秀女员工平均生产总量"。

男、女员工的平均生产总量的计算是从性别和生产总量两个方面进行考虑的，其中，性别作为计算条件，而后求平均生产总量。和 SUMIF 函数类似，这里用 AVERAGEIF 来计算。AVERAGEIF 表示返回某个区域内满足给定条件的所有单元格的平均值（算术平均值）。函数语法格式为：（计算平均值区域，条件，实际计算平均值区域）。要注意的是，参数中的实际计算平均值区域（Average_range）可忽略，此时求平均采用平均值区域（Range）。计算男、女员工平均生产总量的具体操作步骤为：选中目标单元格，单击"插入函数"并在对话框中选择 AVERAGEIF 函数，在"函数参数"对话框中，计算平均值区域 Range 选择 C3:C12 区域，在条件 Criteria 中输入"男"，实际计算平均值区域 Average_range 选择 D3:D12 区域，如图 3 - 2 - 25 所示，单击"确定"按钮，即可算出男员工平均生产总量。

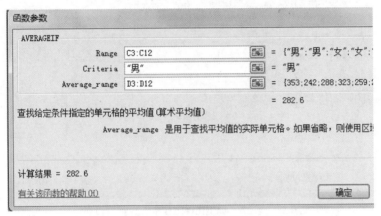

图 3 - 2 - 25　AVERAGEIF 函数参数设置

女员工的平均生产总量计算方法和上述相同，只需在"函数参数"对话框中将条件 Criteria 改为"女"即可。计算结果如图 3 - 2 - 26 所示。

D18	fx =AVERAGEIF(C3:C12,"女",D3:D12)					
	A	B	C	D	E	F	G
1	员工考核奖金发放						
2	序号	姓名	性别	生产总量	考核等第	考核金额	排名
3	1	张宏	男	353	优秀	1000	
4	2	胡青杰	男	242	一般	500	
5	3	刘海艳	女	288	良好	800	
6	4	张杜娟	女	323	优秀	1200	
7	5	张板娃	女	259	一般	500	
8	6	朱序海	男	299	良好	700	
9	7	马超	男	269	良好	700	
10	8	呼波涛	女	300	优秀	1200	
11	9	刘雷进	男	250	一般	500	
12	10	薛明	女	341	优秀	1200	
13	男员工考核金额总额		3400				
14	女员工考核金额总额		4900				
15	考核金额总额		8300				
16	考核优秀员工数量	4	考核优秀男员工数量	1	考核优秀女员工数量	3	
17	考核良好男员工金额总额	1400	男员工平均生产总量	282.6	优秀男员工平均生产总量		
18			女员工平均生产总量	302.2	优秀女员工平均生产总量		

图 3 - 2 - 26　男、女员工平均生产总量计算结果

对于优秀男、女员工平均生产总量的计算，要用 AVERAGEIFS 函数来实现。AVERAGEIFS 函数和前面的 SUMIFS 函数类似，属于多条件求平均函数，函数的格式为：(所求平均值区域,区域1,条件1,区域2,条件2,…)。求优秀男、女员工平均生产总量的具体操作步骤为：选中目标单元格，单击"插入函数"，并在对话框中选择 AVERAGEIFS 函数，在"函数参数"对话框中设置 Average_range 为 D3:D12 区域，Criteria_range1 选择 C3：C12 区域，在 Criteria1 中输入"男"，在 Criteria_range2 中选择 E3:E12 区域，在 Criteria2 中输入"优秀"，如图 3-2-27 所示。单击"确定"按钮，即可算出优秀男员工平均生产总量。

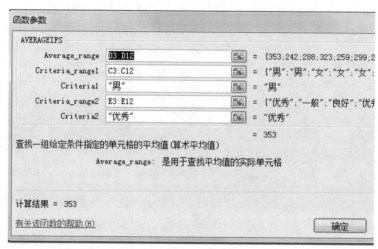

图 3-2-27　AVERAGEIFS 函数参数设置

优秀女员工的平均生产总量计算方法和上述相同，只需在函数参数设置中将条件 Criteria1 改为"女"即可。计算结果如图 3-2-28 所示。

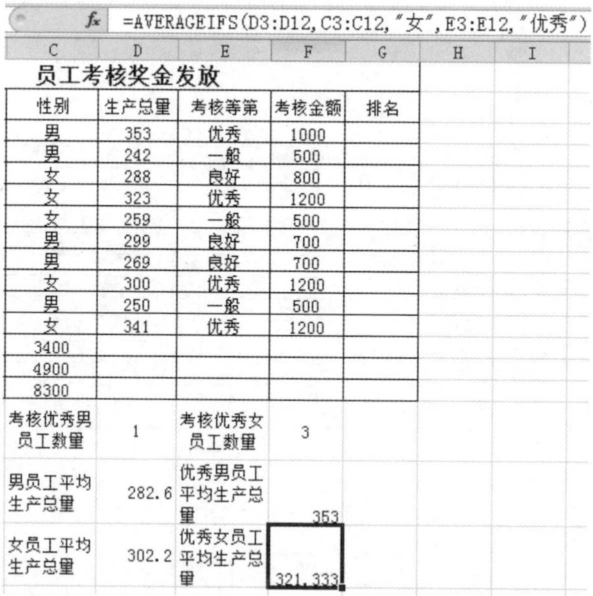

图 3-2-28　优秀男、女员工平均生产总量计算结果

对于排名的计算，是根据生产总量计算出各个员工的名次，在 Excel 中可以用 RANK 函数来实现。RANK 函数属于排名函数，即求某一数值在某一单元格区域内的排名。函数的语法格式为：（排位数字,排位区域,排列方式）。排列方式参数 Order 为 0 或省略表示按照降序排列、不为 0 表示按照升序排列。求员工排名的具体操作步骤为：选中 G3 单元格，单击"插入函数"，并在对话框中选择 RANK 函数，在"函数参数"对话框中设置排位数字 Number 为 D3，排位区域 Ref 为 D$3:D$12，因为考虑到复制，排位区域中的行地址为绝对地址，如图 3-2-29 所示。单击"确定"按钮即可计算出各员工的排名情况，如图 3-2-30 所示。

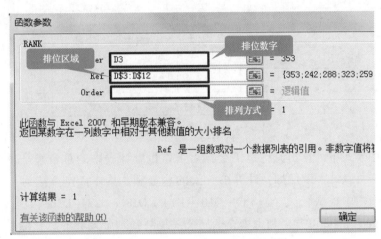

图 3-2-29　RANK 函数参数设置

	A	B	C	D	E	F	G
1				员工考核奖金发放			
2	序号	姓名	性别	生产总量	考核等第	考核金额	排名
3	1	张宏	男	353	优秀	1000	1
4	2	胡青杰	男	242	一般	500	10
5	3	刘海艳	女	288	良好	800	6
6	4	张杜娟	女	323	优秀	1200	3
7	5	张板娃	女	259	一般	500	8
8	6	朱序海	男	299	良好	700	5
9	7	马超	男	269	良好	700	7
10	8	呼波涛	女	300	优秀	1200	4
11	9	刘雷进	男	250	一般	500	9
12	10	薛明	女	341	优秀	1200	2
13	男员工考核金额总额		3400				
14	女员工考核金额总额		4900				
15	考核金额总额		8300				

G3　=RANK(D3,D$3:D$12)

图 3-2-30　各员工排名情况计算结果

任务3　根据工作量计算每个员工的应发金额

在工作量统计表中，员工金额是依据生产 A、B、C 三种零件数量来进行计算的。根据项目说明，员工每生产一件 A、B、C 型产品，分别奖励 1 元、2 元、3 元，员工金额的计算是将各型号产品的数量乘以单件奖励金额，最后相加得出。这样的计算可以采用 Excel 中的公式来完成。

活动1 公式的输入

Excel 中可以使用公式对工作表中的数据进行各自计算，如算术运算、关系运算和字符串运算等。公式的形式为：= 表达式 >，表达式可以是算术表达式、关系表达式和字符串表达式，表达式可由运算符、常量、单元格地址、函数及括号等组成。公式中，"表达式 >"前面必须有" = "号。例如，在工作量统计表中，对员工张宏的金额计算方法为：选中 D6 单元格，在函数编辑栏中输入公式 " = D3 * 1 + D4 * 2 + D5 * 3"，按 "Enter" 键即可，再利用填充柄将公式复制到剩余天数的金额单元格内，如图 3 - 2 - 31 所示。

	E6		f_x		=E3*1+E4*2+E5*3							
	A	B	C	D	E	F	G	H	I	J	K	L	M
1				员工工作量统计表									
2	序号	日期 姓名		1	2	3	4	5	6	7	8	9	10	1
3			A型件数	17	16	16	9	13	20	5	14	7	18	
4	1	张宏	B型件数	11	4	6	9	10	13	8	7	16	12	
5			C型件数	18	13	8	18	10	9	13	14	1	18	
6			金额	93	63	52	81	63	73	60	70	42	96	

图 3 - 2 - 31 计算剩余天数的金额

同理，利用公式可计算出其他员工金额。工作量统计表中的总金额是每位员工金额之和，用公式同样可以计算。例如，计算第一天的总金额，具体操作方法为：选中 D46 单元格，在函数编辑栏中输入公式 " = D6 + D10 + D14 + D18 + D22 + D26 + D30 + D34 + D38 + D42"，按 "Enter" 键即可，再利用填充柄将公式复制到剩余天数的总金额单元格内，如图 3 - 2 - 32 所示。

	E46		f_x		=E6+E10+E14+E18+E22+E26+E30+E34+E38+E42							
	A	B	C	D	E	F	G	H	I	J	K	L	M
24	6	朱序海	B型件数	20	18	19	7	4	16	17	4	15	
25			C型件数	1	19	5	0	20	13	3	10	9	
26			金额	48	98	56	27	68	79	47	55	77	38
27			A型件数	19	20	4	9	10	5	10	4	19	15
28	7	马超	B型件数	12	12	5	0	12	3	13	7	5	3
29			C型件数	2	7	10	4	10	14	11	4	16	3
30			金额	49	65	44	24	64	53	69	30	77	30
31			A型件数	7	7	4	8	13	17	9	8	17	15
32	8	呼波涛	B型件数	4	11	9	9	4	14	19	17	19	3
33			C型件数	3	9	5	14	8	12	18	0	7	5
34			金额	24	56	37	68	55	81	101	42	76	36
35			A型件数	10	8	16	7	4	2	2	19	5	3
36	9	刘雷进	B型件数	16	3	11	19	13	6	7	5	4	18
37			C型件数	0	5	2	18	11	2	7	0	14	13
38			金额	42	29	44	99	63	20	37	29	55	78
39			A型件数	7	14	6	0	16	12	8	17	4	8
40	10	薛明	B型件数	8	19	19	11	11	12	5	10	18	2
41			C型件数	12	15	19	7	17	17	7	13	19	8
42			金额	59	97	101	43	89	87	39	76	97	36
43			A型总件数	88	114	84	98	85	100	59	104	123	107
44		合计	B型总件数	126	103	122	117	82	93	112	107	118	79
45			C型总件数	80	124	63	85	106	109	100	68	91	77
46			总金额	580	692	517	587	567	613	583	522	632	496

公式位置

图 3 - 2 - 32 总金额的计算

活动 2 单元格地址的引用

在进行函数或公式复制时，单元格地址的正确使用十分重要。Excel 中单元格的地址分为相对地址、绝对地址、混合地址三种。根据计算的要求，在公式或函数中会出现绝对地址、相对地址和混合地址以及它们的混合使用。

相对地址的形式如 A1、A2 等，表示单元格中当含有该地址的公式被复制到目标单元格时，公式不是照搬原来单元格的内容，而是根据公式原来位置和复制到的目标位置推算出公式中单元格地址相对原位置的变化，使用变化后的单元格地址的内容进行计算。在上述员工金额的计算中，员工张宏的金额单元格地址为 D6，计算公式为 "= D3 * 1 + D4 * 2 + D5 * 3"，将公式复制给员工胡青杰，目标单元格为 D10，因此，行数加 4，所以公式中单元格的行地址也分别加 4，变为 "= D7 * 1 + D8 * 2 + D9 * 3"，如图 3 - 2 - 33 所示。

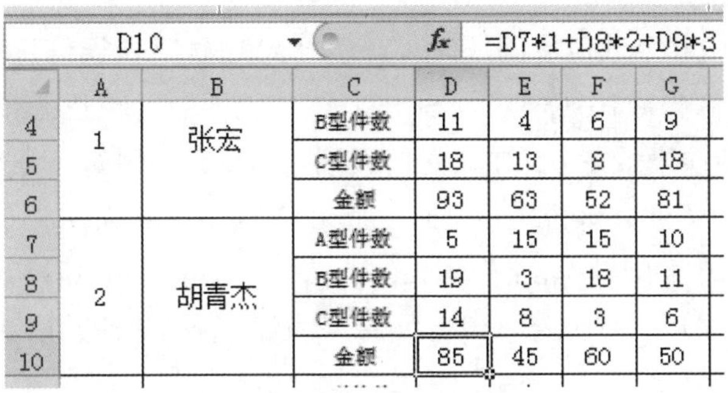

	A	B	C	D	E	F	G
			D10		fx	=D7*1+D8*2+D9*3	
4	1	张宏	B型件数	11	4	6	9
5			C型件数	18	13	8	18
6			金额	93	63	52	81
7	2	胡青杰	A型件数	5	15	15	10
8			B型件数	19	3	18	11
9			C型件数	14	8	3	6
10			金额	85	45	60	50

图 3 - 2 - 33 复制相对地址的公式

绝对地址的形式如 $D$3、$A$8 等，表示在单元格中，含有该地址的公式无论被复制到哪个单元格，公式永远是照搬原来单元格的内容。例如，将 D1 单元格中的公式 "= ($A$1 + $B$1 + $C$1)/3" 复制到 E3 单元格，公式仍然为 "= ($A$1 + $B$1 + $C$1)/3"，公式中单元格引用地址也不变。

混合地址的形式如 D$3、$A8 等，表示在单元格中，当含有该地址的公式被复制到目标单元格时，相对部分会根据公式原来位置和复制到的目标位置推算出公式中单元格地址相对原位置的变化，而绝对部分地址永远不变，之后，使用变化后的单元格地址的内容进行计算。例如，将 D1 单元格中的公式 "= ($A1 + B$1 + C1)/3" 复制到 E3 单元格，公式为 "= ($A3 + C$1 + D3)/3"。

活动 3 错误信息的处理

在单元格中输入或编辑公式后，有时会出现诸如 "####!" 或 "#VALUE!" 的错误信息，错误值一般以 "#" 开头。出现错误值有以下几种原因。

①若单元格中出现 "####!" 错误信息，可能的原因是：单元格中的计算结果太长，该单元格宽度小，可以通过调整单元格的宽度来消除该错误；或者日期或时间格式的单元格中出现负值。

②若单元格中出现 "#DIV/0!" 错误信息，可能的原因是：该单元格的公式中出现被零除问题，即输入的公式中包含 "0" 除数，也可能是公式中的除数引用了零值单元格或空白单元格（空白单元的值将解释为零值）。解决办法是：修改公式中的除数或零值单元格或空白单元格引用，或者在公式中的除数的单元格内输入不为零的值。

③若单元格中出现 "#N/A"，表示在函数或公式中没有可用数值。

④若在公式中使用了 Excel 所不能识别的文本，将产生错误信息 "#NAME?"。可以从以下几个方面进行检查：

使用了不存在的名称。应检查使用的名称是否存在，方法是：选择 "公式" 选项卡，在 "定义的名称" 功能组中单击 "定义名称"，在 "新建名称" 对话框中的 "引用位置" 中可以看到当前单元格的名称，公式中的名称或函数名拼写错误，修改拼写错误即可。

公式中区域引用不正确，如某单元格中有公式 "=SUM(GZG3)"。在公式中输入文本时，没有使用双引号。

⑤当公式或函数中某个数值有问题时，产生 "#NUM!" 错误信息。例如，对负数进行求平方根计算，A1 = -4，如用公式 "=SQRT(A1)"，即会出现上述错误。

⑥ "#NULL!" 错误表示在公式中指定的区域并不相交。例如，公式 = SUM(A1:B3 C1:D5) 中的区域不相交，因此，该公式将返回一个 "#NULL!" 错误。

⑦ "#REF!" 错误表示该单元格引用无效的结果。设单元格 A9 中有数值 "5"，单元格 A10 中有公式 "=A9+1"，单元格 A10 显示结果为 6。若删除单元格 A9，则单元格 A10 中的公式 "=A9+1" 对单元格 A9 的引用无效，就会出现该错误信息。

⑧当公式中使用不正确的参数时，将产生 "#VALUE!" 错误信息。这时应确认公式或函数所需的参数类型是否正确、公式引用的单元格中是否包含有效的数值。如果需要数字或逻辑值时却输入了文本，就会出现这样的错误信息。

练一练

1. 假设在 A3 单元格中存在一个公式 SUM(B$2:C$4)，将其复制到 B48 后，公式变为（　　）。

A. SUM(B$50:B$52)　　　　　　　　　B. SUM(C$2:D$4)

C. SUM(B$2:C$4)　　　　　　　　　　D. SUM(D$2:E$4)

2. 在 Excel 中，若单元格的引用随公式所在单元格位置的变化而改变，则称之为（　　）。

A. 引用　　　　　　　　　　　　　　B. 混合引用

C. 绝对引用　　　　　　　　　　　　D. 相对引用

3. 以下关于 OFFSET 函数的说法，正确的是（　　）。

A. Reference 为偏移量参照的单元格区域，该区域必须为单元格或连续单元格区域，否则，返回错误

B. Rows 为行偏移量，正数则在参照单元格的上方，负数则在参照单元格的下方

C. Cols 为列偏移量，正数则在参照单元格的左侧，负数则在参照单元格的右侧

D. 以上都正确

4. 在 C3 单元格中输入数值 24，在 C5 单元格中输入字符"computer"，那么在 C8 单元格中输入公式 = C5 + C3，将要显示的是（　　　）。

A. computer   B. computer24   C. 24   D. #VALUE!

项目三

学生成绩表数据分析及处理

【项目介绍】

某中学要对学生的一次期末考试成绩做分析。现有学生成绩表一张，包含学生的学号、姓名、各科考试成绩、总成绩，其中姓名列为空；另有一张学生档案表，包括学生的学号、姓名、性别、班级、身份证号码等信息。根据学校要求，要对学生成绩表进行按学号姓名填充，并对本次成绩进行详细分析，包括对总成绩的排序、各科成绩的筛选及分类汇总、创建数据透视表等操作。

【学习目标】

1. 掌握 VLOOKUP 函数的用法。
2. 掌握数据的排序和筛选。
3. 掌握数据的分类汇总。
4. 熟悉数据透视表的创建方法。

【素质目标】

1. 培养数据整合与处理能力。掌握在 Excel 中按学号进行姓名填充的技能，确保学生的基本信息与成绩数据相匹配。

2. 培养对学生成绩进行排序和筛选的能力。熟练使用 Excel 的排序和筛选功能，能够根据成绩对学生数据进行排列和筛选，以便进一步分析和比较。

3. 具备对数据进行分析和推断的能力。不仅能运用 Excel 函数，还要通过数据收集、分析和洞察，了解学生的学习情况。

任务 1 对学生成绩表按学号进行姓名填充

由于学生姓名在学生档案表中，而成绩表中只有学生的学号，要将姓名对应于学号填入学生成绩表中，如果按传统方式去逐一比对再填写，就很麻烦，而且容易出错。那么有没有一种简单快速的方法去完成姓名的填充呢？本任务将学习利用 Excel 中的函数来实现姓名的快速填充。

对学生成绩表
按学号进行姓名填充

活动 VLOOKUP 函数的使用

VLOOKUP 是一个查找函数，给定一个查找的目标，它就能从指定的查找区域中查找到想要的值。VLOOKUP 函数的基本语法为：（查找目标,查找范围,返回值的列数,精确或者模糊查找）。函数的各个参数说明如下：

查找目标：表示要查找的值，它必须位于自定义查找区域的最左列，可以为数值、引用或字符串。

查找范围：用于查找数据的区域，查找值必须位于这个区域的最左列。可以使用对区域或区域名称的引用。

返回值的列数：返回查找数据的列序号。当值为 1 时，返回查找范围第一列的数值；当值为 2 时，返回查找范围第二列的数值，依此类推。如果值小于 1 或者大于查找区域列数，将返回错误。

精确或者模糊查找：表示查找时采用的匹配方式。如果值为 FALSE 或 0，则返回精确匹配值。如果值为 TRUE 或 1，函数 VLOOKUP 将查找近似匹配值；如果省略值，则按照默认的近似匹配方式查找。

例如：在学生档案表中按学号查找学生姓名，并将学生姓名填入对应学号的学生成绩表中的姓名列，利用 VLOOKUP 函数实现的具体操作步骤为：选中目标单元格（姓名列 B3 单元格），单击"插入函数"并在对话框中选择 VLOOKUP 函数，在"函数参数"对话框中选择查找目标 Lookup_value 为 A3，即学号列。查找范围 Table_array 选择跨工作表的"初三学生档案! $A$2: $B$56"，即学号和姓名列，考虑到函数的复制，采用了绝对地址。返回值列数 Col_index_num 设置为 2，返回查找范围的第二列，即学生姓名。查询精度 Range_lookup 设置为 0，表示精确查找，如图 3－3－1 所示，单击"确定"按钮即可得到学号所对应的学生姓名。

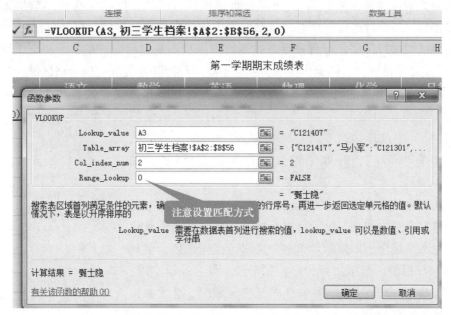

图 3－3－1　VLOOKUP 函数参数设置

同理，其他同学的姓名查找只需将 B3 单元格的 VLOOKUP 函数填充复制到其他单元格即可，如图 3 – 3 – 2 所示。

	A	B	C
1			
2	学号	姓名	语文
3	C121407	甄士隐	107.90
4	C121409	杜春兰	105.70
5	C121416	宋子文	105.20
6	C121428	陈万地	104.50
7	C121436	闫朝霞	103.40
8	C121422	姚南	101.30
9	C121441	郎润	100.10
10	C121431	张鹏举	99.60
11	C121419	刘小红	99.30
12	C121426	齐飞扬	99.00
13	C121401	宋子丹	98.70

图 3 – 3 – 2　学生姓名的查找填充复制

任务 2　学生成绩的排序与筛选

根据学生成绩，对学生表进行排序和筛选，以便查看学生的得分情况（高分和低分）的排名以及各科目不同分数段的得分详情。

活动 1　数据的排序

数据排序就是按照一定的规则对数据进行重新排列，便于浏览或为进一步处理做准备（如分类汇总）。可以根据需要按行或列、按升序或降序进行排序。当按行进行排序时，数据列表中的列将被重新排列，行

活动 1　数据的排序

不变；如果按列进行排序，行将被重新排列而列保持不变。例如，在学生期末成绩表中按"语文"成绩降序排列，具体操作步骤为：选中前两行标题外的所有单元格区域，单击"开始"选项卡"编辑"功能区中的"排序和筛选"→"降序"，或"数据"选项卡中的"排

序和筛选"命令，如图 3 – 3 – 3 所示。在"排序"对话框的"主要关键字"中选择"列 C"，"排序依据"选择"数值"，"次序"选择"降序"，并取消勾选"数据包含标题"，如图 3 – 3 – 4 所示，单击"确定"按钮即可。

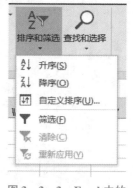

在上述降序排序过程中，去掉前两行标题的原因是，如果直接选择语文成绩中的某一单元格进行排序，排序时会默认让两行标题也参与排序，即使取消勾选"数据包含标题"，也只能排除第一行标题，而第二行标题，如学号、姓名、语文等，还是会参与排序，所以，在选择排序单元格区域时，必须去掉前两行。排序结果如图 3 – 3 – 5 所示。

图 3 – 3 – 3　**Excel** 中的
"排序和筛选"命令

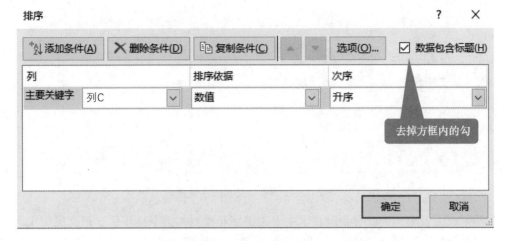

图 3 - 3 - 4　设置排序参数

	学号	姓名	语文
2	学号	姓名	语文
3	C121407	甄士隐	107.90
4	C121409	杜春兰	105.70
5	C121416	宋子文	105.20
6	C121428	陈万地	104.50
7	C121436	闫朝霞	103.40
8	C121422	姚南	101.30
9	C121441	郎润	100.10
10	C121431	张鹏举	99.60
11	C121419	刘小红	99.30
12	C121426	齐飞扬	99.00
13	C121405	齐小娟	98.70
14	C121413	莫一明	98.70
15	C121401	宋子丹	98.70
16	C121402	郑菁华	98.30

图 3 - 3 - 5　语文成绩降序排序结果

　　除了对数据表以某个字段为主要关键字进行排序外，也可以多个字段为关键字进行排序，在 Excel 2016 中，排序关键字最多可以支持 64 个。例如，在学生成绩表中，对"语文"成绩进行降序排列、对"数学"成绩进行升序排列，具体操作步骤为：选中前两行标题外的所有单元格区域，单击"开始"选项卡中"编辑"功能区中的"排序和筛选"→"自定义排序"或"数据"选项卡中的"排序和筛选"命令，在"排序"对话框中，"主要关键字"选择"列 C"，"排序依据"选择"数值"，"次序"选择"降序"，单击"添加条件"，在"次要关键字"中选择"列 D"，"排序依据"选择"数值"，"次序"选择"升序"，并取消勾选"数据包含标题"，如图 3 - 3 - 6 所示，单击"确定"按钮即可。

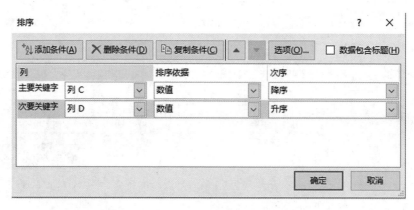

图 3 – 3 – 6 多关键字排序设置

在学生成绩表中，可以看到设置了主要关键字和次要关键字排序后，语文成绩作为主关键字，为降序排列。当语文成绩中出现相同分数时，按照次要关键字，即数学成绩升序排列，如图 3 – 3 – 7 所示。

姓名	语文	数学
甄士隐	107.90	95.90
杜春兰	105.70	81.20
宋子文	105.20	89.70
陈万地	104.50	114.20
闫朝霞	103.40	78.40
姚南	101.30	91.20
郎润	100.10	86.60
张鹏举	99.60	91.80
刘小红	99.30	108.90
齐飞扬	99.00	109.40
宋子丹	98.70	87.90
莫一明	98.70	91.90
齐小娟	98.70	108.80
郑菁华	98.30	112.20
郑秀丽	96.20	95.90
李春娜	95.90	105.70
孙令煊	95.60	100.50

图 3 – 3 – 7 多条件排序效果

如果希望将已经过多次排序的工作表恢复到排序前的状况，排序前可以在工作表中增加一列，设置"记录号"字段，内容为顺序数字 1、2、3、4、…。排序时可将该列隐藏，当要恢复时，显示该列，再按"记录号"字段升序排列即可恢复为排序前的工作表。

活动 2 数据的自动筛选

对于查看学生考试科目中不同分数段的得分情况，可以利用 Excel 中的筛选功能来实现。数据筛选是在工作表中将不符合特定条件的行隐藏起来，只显示具有特定条件的记录，筛选后能更方便地对数据进行查看。自

活动 2 数据的
自动筛选

动筛选适用于简单的筛选条件，具体操作：单击数据列表中的任意一个单元格，在"开始"
选项卡的"编辑"功能区中单击"排序和筛选"按钮，在下拉菜单中选择"筛选"命令，
或者在"数据"选项卡的"排序和筛选"功能区中选择"筛选"，此时在学生成绩表里的所有
字段中都有一个向下的筛选箭头，如图 3 – 3 – 8 所示。

学号	姓名	语文	数学	英语
C121407	甄士隐	107.90	95.90	90.90
C121409	杜春兰	105.70	81.20	94.50
C121416	宋子文	105.20	89.70	93.90
C121428	陈万地	104.50	114.20	92.30
C121436	闫朝霞	103.40	78.40	97.50
C121422	姚南	101.30	91.20	89.00
C121441	郎润	100.10	86.60	91.80
C121431	张鹏举	99.60	91.80	89.70

图 3 – 3 – 8　设置自动筛选后的效果

单击学生成绩表中任何一列标题行的筛选箭头，设置希望显示的特定信息，Excel 将自
动筛选出包含特定信息的全部数据，此外，如果单元格填充了颜色，还可以按照颜色进行筛
选，如图 3 – 3 – 9 所示。

图 3 – 3 – 9　自动筛选选项

现对学生成绩表中的数学成绩进行筛选，要求显示数学分数在 90 分以下、110 分以上
（包括 110 分）的学生信息，具体操作步骤为：单击"数学"字段右侧的筛选箭头，在弹出
的下拉菜单中选择"数字筛选"，并单击右侧菜单中的"介于"命令，此时弹出"自定义自
动筛选方式"对话框，如图 3 – 3 – 10 所示。根据要求，在对话框中，在"数学"下的"大
于或等于"后面的文本框中输入数值"110"，"小于或等于"改为"小于"，在后面的文本
框中输入数值"90"，中间逻辑关系选择"或"，最后单击"确定"按钮，完成后的效果如
图 3 – 3 – 11 所示。

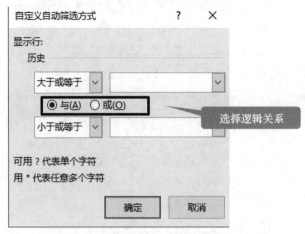

图 3 – 3 – 10 "自定义自动筛选方式"对话框

语文	数学	英语
105.70	81.20	94.50
105.20	89.70	93.90
104.50	114.20	92.30
103.40	78.40	97.50
100.10	86.60	91.80
98.70	87.90	84.50
98.30	112.20	88.00
94.80	89.60	96.70
93.30	83.20	93.50
91.90	86.00	96.80
89.60	80.10	77.90
89.60	85.50	91.30
86.40	111.20	94.00
85.00	113.60	96.00

图 3 – 3 – 11 自定义自动筛选结果

活动 3 数据的高级筛选

活动 3 数据的
高级筛选

如果对学生成绩表进一步细化筛选，比如筛选多个科目不同分数段的学生信息，就要用到 Excel 中的高级筛选功能。高级筛选适用于复杂的筛选条件，可以对一个特定的列指定 3 个以上的条件，还可以指定计算条件。使用高级筛选必须先建立一个条件区域，用来编辑筛选条件。条件区域应至少两行，第一行是所有作为筛选条件的字段名，这些字段名必须与数据清单中的字段名完全一样。在条件区域的其他行输入筛选条件，"与"关系的条件必须出现在同一行内，"或"关系条件不能出现同一行内。条件区域与工作表中的数据区域不能连接，须用空行隔开。

现在对学生成绩表筛选总分大于等于 600 分，数学分数在 90 分以下、110 分以上（包括 110 分），英语分数大于 90 分的学生信息，具体操作步骤为：

①在表格空白处建立一个条件区域，在第一行输入要筛选的字段名称，即"数学""英语""总分"。

②在第二行输入条件，根据题意，除了"数学"外，其他条件必须在同一行，如图3-3-12所示。

数学	数学	英语	总分
<90		>90	>600
	>=110		

图3-3-12 设置条件区域

③选中工作表内的任意单元格，在"数据"选项卡中的"排序和筛选"面板中单击"高级筛选"按钮，弹出"高级筛选"对话框。

④在"高级筛选"对话框中，系统已经自动选好了筛选区域，此时只需单击"条件区域"右侧的文本框，拾取刚才设置的条件区域，单击"确定"按钮即可，如图3-3-13所示。完成后的效果如图3-3-14所示。

图3-3-13 高级筛选设置

数学	英语	物理	化学	品德	历史	总分
89.70	93.90	84.00	62.20	93.00	89.30	617.30
114.20	92.30	92.60	74.50	95.00	90.90	664.00
78.40	97.50	93.30	63.30	92.50	83.60	612.00
86.60	91.80	95.80	72.80	75.70	86.50	609.30
112.20	88.00	96.60	78.60	90.00	93.20	656.90
86.00	96.80	93.10	63.30	96.20	88.00	615.30
85.50	91.30	90.70	66.40	96.50	80.20	600.30
111.20	94.00	92.70	61.60	82.10	89.70	617.70
113.60	96.00	74.70	83.30	81.80	68.60	603.00
111.40	96.30	78.60	81.60	90.90	64.20	601.50

图3-3-14 高级筛选结果

活动4 利用 Microsoft Query 实现数据的高级筛选

数据的高级筛选除了上述方法以外，还可以利用 Excel 中自带的 Microsoft Query 实现高级筛选。Microsoft Query 在 Excel "获取外部数据"面板的"自其他来源"菜单下，主要功能是连接外部数据源，并

活动4 利用 Microsoft Query 实现数据的高级筛选

通过 ODBC 驱动程序将需要的数据导入工作表中。在进行数据导入时，支持利用 SQL 语句进行数据的查询和检索。

例如，在学生档案表中，要筛选 1 班、2 班，性别为男生的信息，具体操作如下：

①在"数据"选项卡下"获取外部数据"面板中单击"自其他来源"，在弹出的菜单中单击"来自 Microsoft Query"。

②在"选择数据源"对话框中，选择"Excel Files*"，并单击"确定"按钮，如图 3 - 3 - 15 所示，此时弹出"选择工作簿"对话框。

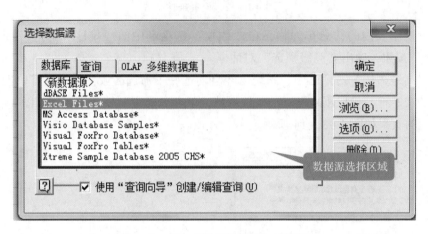

图 3 - 3 - 15　"选择数据源"对话框

③在"选择工作簿"对话框中，选择"学生档案 - 成绩 . xls"所在的工作表文件，并单击"确定"按钮，如图 3 - 3 - 16 所示，此时弹出"查询向导 - 选择列"对话框。

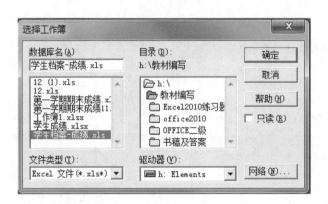

图 3 - 3 - 16　选择工作表文件

④在"查询向导 - 选择列"对话框中，在左侧"可用的表和列"列表框中，选择"学生档案"，并单击" + "展开，依次选中"学号""姓名""性别""班级"，并单击对话框中间的" > "按钮，将选中的列名移动到右侧的"查询结果中的列"列表框中，如图 3 - 3 - 17 所示，并单击"下一步"按钮，弹出"查询向导 - 筛选数据"对话框。

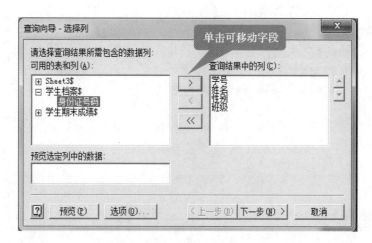

图 3 – 3 – 17　选择工作表中的列

⑤在"查询向导 – 筛选数据"对话框中，选中"性别"列，在右侧的条件设置面板中分别选择"等于"和"男"。同理，将"班级"列分别设置为"1 班"和"2 班"，如图 3 – 3 – 18 所示，并单击"下一步"按钮，此时弹出"排序面板"对话框。

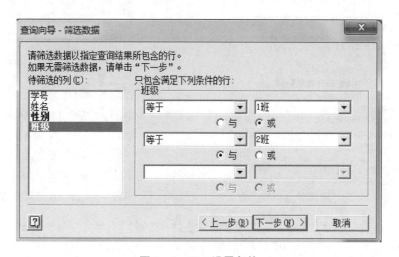

图 3 – 3 – 18　设置条件

⑥在"排序面板"对话框中如果需要排序，可以根据"主要关键字""次要关键字"等进行升序或降序，并单击"下一步"按钮，如果无须排序，则直接单击"下一步"按钮，弹出"查询向导 – 完成"对话框，如图 3 – 3 – 19 所示。

⑦在"查询向导 – 完成"对话框中，如果想查看或编辑数据，则选择"在 Microsoft Query 中查看数据或编辑查询"，否则，选择"将数据返回 Microsoft Excel"，最后单击"完成"按钮，此时在工作表中弹出"导入数据"对话框。

⑧在"导入数据"对话框中，可以设置数据存放的位置，可以是新工作表，也可以是现有工作表，如图 3 – 3 – 20 所示。最后单击"确定"按钮，完成后的效果如图 3 – 3 – 21 所示。

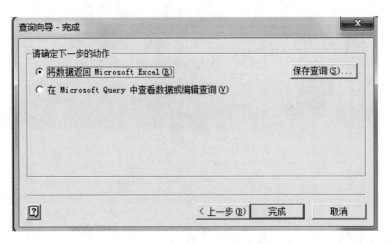

图 3 – 3 – 19　选择下一步动作

图 3 – 3 – 20　选择数据存放位置

图 3 – 3 – 21　数据筛选结果

　　如果准备修改筛选的结果，比如把原来条件中的性别为"男"改为性别为"女"，其他条件不变，可以在 Microsoft Query 中进行编辑，具体操作步骤为：单击"数据"选项卡中"连接"面板下的"全部刷新"下拉按钮，如图 3 – 3 – 22 所示，在下拉菜单中单击"连接属性"，弹出"连接属性"对话框。

图 3 – 3 – 22　选择连接属性

　　在"连接属性"对话框中单击"定义"面板，在该面板下单击"编辑查询"按钮，如图 3 – 3 – 23 所示，此时弹出"Microsoft Query"编辑界面。

　　单击该界面工具栏中的"SQL"按钮，弹出"SQL"编辑对话框。在对话框内，修改 SQL 语句，将原"WHERE"条件后的两个"性别 = '男'"改为"性别 = '女'"即可，如图 3 – 3 – 24 所示，单击"确定"按钮。

图 3 - 3 - 23　编辑现有查询

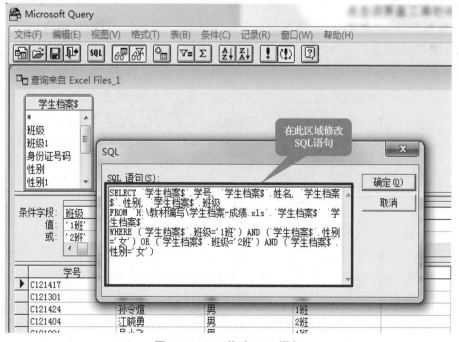

图 3 - 3 - 24　修改 SQL 语句

最后关闭"Microsoft Query"对话框，回到 Excel 工作表中，单击"连接属性"对话框的"确定"按钮，即可完成修改。修改后的效果如图 3 – 3 – 25 所示。

学号	姓名	性别	班级
C121422	姚南	女	2班
C120901	谢如雪	女	2班
C121432	孙玉敏	女	1班
C121002	毛兰儿	女	1班
C121302	黄蓉	女	2班
C121414	郭晶晶	女	1班
C121434	李春娜	女	2班
C121426	齐飞扬	女	1班
C121408	周梦飞	女	2班
C121409	杜春兰	女	1班
C121427	苏解玉	女	2班
C121418	郑秀丽	女	1班
C121443	张馥郁	女	1班
C121436	闫朝霞	女	2班

图 3 – 3 – 25　修改后的筛选结果

任务3　对学生成绩进行整理与分析

为了对本次考试成绩进一步细化分析，更直观地查看学生考试情况，可以利用 Excel 中的分类汇总以及数据透视表/图等功能来实现，对数据进行分类，实现直观化、图形化。

活动1　对成绩表进行分类汇总

活动1　对成绩表进行分类汇总

分类汇总是对数据清单内容进行分析的一种方法。Excel 分类汇总是对工作表中数据清单的内容进行分类，然后统计同类记录的相关信息，包括求和、计数、平均值、最大值、最小值、乘积等，由用户选择。例如，在学生成绩表中，如果要查看各个科目的平均成绩，可通过创建分类汇总来实现。具体操作步骤为：首先在学生成绩表"姓名"列旁添加一列"班级"，并利用 VLOOKUP 函数将学生档案表中和学号所对应的班级导入进来，如图 3 – 3 – 26 所示。

剪贴板		字体		对齐方式	
C3	▼	f_x	=VLOOKUP(A3, 初三学生档案!$A$2:$D$56, 4, 0)		
	A	B	C	D	E
					第一学期
	学号	姓名	班级	语文	数学
	C121407	甄士隐	2班	107.90	95.90
	C121409	杜春兰	1班	105.70	81.20
	C121416	宋子文	2班	105.20	89.70
	C121428	陈万地	3班	104.50	114.20
	C121436	闫朝霞	2班	103.40	78.40

图 3 – 3 – 26　利用 VLOOKUP 函数对应导入班级

然后将学生成绩表按"班级"升序或降序排列，这里进行降序排列，选中成绩表内的任意单元格，在"数据"选项卡的"分级显示"功能区中单击"分类汇总"按钮，弹出"分类汇总"对话框。在"分类字段"下拉列表框中选择"班级"，在"汇总方式"下拉列表框中选择"平均值",在"选定汇总项"中选择各个科目名称,如图 3 - 3 - 27 所示。单击"确定"按钮,分类汇总效果如图 3 - 3 - 28 所示。

图 3 - 3 - 27 分类汇总设置

	学号	姓名	班级	语文	数学
3	C121428	陈万地	3班	104.50	114.20
4	C121441	郎润	3班	100.10	86.60
5	C121419	刘小红	3班	99.30	108.90
6	C121413	莫一明	3班	98.70	91.90
7	C121405	齐小娟	3班	98.70	108.80
8	C121402	郑菁华	3班	98.30	112.20
9	C121429	张国强	3班	94.80	89.60
10	C121412	吉莉莉	3班	93.30	83.20
11	C121411	张杰	3班	92.40	104.30
12	C121406	孙如红	3班	91.00	105.00
13	C121403	张雄杰	3班	90.40	103.60
14	C121430	刘小锋	3班	89.30	106.40
15	C121425	杜学江	3班	84.80	98.70
16	C121439	吕文伟	3班	83.80	104.60
17	C121433	王清华	3班	83.50	105.70
18	C121444	李北冥	3班	78.50	111.40
19			3班 平均值	92.59	102.19
20	C121407	甄士隐	2班	107.90	95.90
21	C121416	宋子文	2班	105.20	89.70
22	C121436	闫朝霞	2班	103.40	78.40

图 3 - 3 - 28 分类汇总效果

如果要删除已经创建的分类汇总,在"分类汇总"对话框中单击"全部删除"按钮即可。为方便查看数据,可以将分类汇总后暂时不需要的数据隐藏起来,当需要查看时再显示出来。如隐藏 1 班的信息,可单击工作表左边列表树的" - "号隐藏该班级的数据记录,只留下该班级的汇总信息,如图 3 - 3 - 29 所示。此时," - "号变" + "号,再次单击即可将隐藏的数据记录显示出来。

图 3 – 3 – 29　分类汇总的隐藏

活动2　建立数据透视表/图

活动2　建立数据
透视表/图

数据透视表/图是一种对大量数据快速汇总和建立交叉列表的互动式动态表格，能帮助用户分析、组织数据。例如，要计算平均值、标准差及建立列链表、计算百分比、建立新的数据子集等。其中，数据透视图可以看作数据透视表的图表化。建好数据透视表后，可以对数据透视表重新安排，以便从不同的角度查看数据。数据透视表可以从大量看似无关的数据中寻找联系，从而将纷繁的数据转化为有价值的信息，以供研究和决策所用。

在学生成绩表中，分别查看各个班级语文、数学、英语成绩的平均分、最高分、总分，利用数据透视表实现，具体操作步骤为：

①单击"插入"选项卡→"表格"功能区→"数据透视表"按钮或"数据透视表"按钮下拉菜单中的"数据透视表"命令，弹出"创建数据透视表"对话框。

②在"创建数据透视表"对话框的"选择一个表或区域"旁的文本框中选择数据区域，即"姓名""班级""语文""数学""英语"五列，"选择放置数据透视表的位置"有"新工作表"和"现有工作表"两项可选，此时选择"新工作表"并设定放置的区域，如图 3 – 3 – 30 所示，单击"确定"按钮。

图 3 – 3 – 30　设置数据区域及存放位置

③在新工作表右侧，有需要添加到报表的字段和拖动字段区域，如图 3 - 3 - 31 所示。根据要求，将"班级"拖入"筛选器"区域，"姓名"拖入"行"区域，"语文""数学""英语"拖入"∑值"区域。

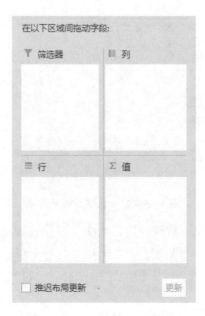

图 3 - 3 - 31　字段区域位置设置

④此时在工作表中已经可以看到数据透视表，但各个科目全部为求和，不符合要求，所以，要对"∑值"区域进行设置。单击"∑值"区域下的"求和项：语文"，在弹出的菜单中单击"值字段设置"，弹出"值字段设置"对话框，在对话框中的"计算类型"下将"求和"改为"平均值"，如图 3 - 3 - 32 所示，并单击"确定"按钮。

图 3 - 3 - 32　设置计算类型

⑤同理，将"数学"的计算类型改为"最大值"，"英语"为计算总分，计算类型用默认的"求和"即可，不需要修改。此时新工作表中的数据透视表如图 3 – 3 – 33 所示。

行标签	平均值项：语文	最大值项：数学	求和项：英语
陈家洛	89.6	85.5	91.3
陈万地	104.5	114.2	92.3
杜春兰	105.7	81.2	94.5
杜学江	84.8	98.7	82.1
方天宇	91.7	101.8	90.9
郭晶晶	86.4	111.2	94
侯登科	94.1	91.6	98.7
吉莉莉	93.3	83.2	93.5
江晓勇	86.4	94.8	94.7
康秋林	84.8	105.5	89
郎润	100.1	86.6	91.8
李北冥	78.5	111.4	96.3
李春娜	95.9	105.7	94.3
刘小锋	89.3	106.4	94.4
刘小红	99.3	108.9	91.4

图 3 – 3 – 33　数据透视表效果

⑥从图 3 – 3 – 33 可以看出，默认的班级为全部显示，如果需要查看各个班级成绩汇总情况，只需要对"班级"列进行筛选即可。例如，查看 1 班的汇总情况，具体操作为：单击"班级"列右侧的下拉按钮，在下拉菜单中选择"1 班"，如图 3 – 3 – 34 所示，单击"确定"按钮。

图 3 – 3 – 34　对"班级"进行筛选

此时数据透视表显示 1 班的成绩汇总情况，如图 3 – 3 – 35 所示。

如果要删除数据透视表，可以选中整张表，然后按"Delete"键删除。也可通过数据透视表工具进行整张表的选取，具体操作为：选中数据透视表中的任意单元格，在"数据透视表工具"→"选项"→"操作"中单击"选择"按钮，在下拉框中选择"整个数据透视表"，按"Delete"键进行删除即可，如图 3 – 3 – 36 所示。

图 3 – 3 – 35 筛选后的数据透视表效果

图 3 – 3 – 36 数据透视表选取

数据透视图的创建方式和数据透视表的几乎相同，在创建好数据透视图后，Excel 都会基于相同的数据创建一个相关联的数据透视表。数据透视图和数据透视表的创建相比，主要有以下两点区别：①创建时，选择"数据透视表"下拉菜单中的"数据透视图"，如图 3 – 3 – 37 所示；②字段区域中的名称和数据透视表所有不同，由"列""行"变为"图例字段""轴字段（分类）"，如图 3 – 3 – 38 所示。

图 3 – 3 – 37 创建数据透视图　　图 3 – 3 – 38 数据透视图中的字段区域

数据透视图创建好的效果如图 3 – 3 – 39 所示。可以看到，在此基础上自动创建了一个数据透视表。在进行"班级"筛选时，可以在数据透视图中进行筛选，也可以在数据透视图中的"班级"下筛选，效果相同。1 班的成绩汇总情况如图 3 – 3 – 40 所示。

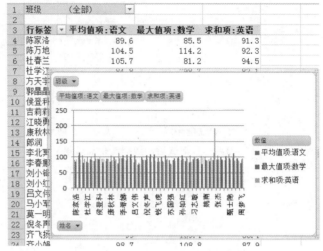

图 3 – 3 – 39　数据透视图效果

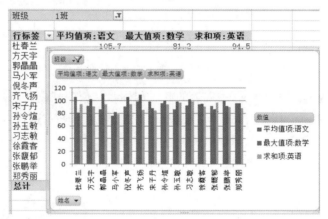

图 3 – 3 – 40　筛选后的数据透视图

活动 3　数据的合并计算

活动 3　数据的合并计算

现在要对整个年级的各科目平均分进行计算，可以采用数据合并计算来实现。数据合并可以把来自不同源数据区域进行汇总，并进行合并计算，不同数据源区包括同一工作表中的数据区域、同一工作簿的不同工作表中的数据区域、不同工作簿中的数据区域。数据合并是同过建立合并表的方法来进行的。其中，合并表可以建立在某源数据区域所在工作表中，也可以建立在同一工作簿或不同的工作簿中。

假设年级一共有 6 个班级，每个班成绩表中均记录各个科目的平均成绩，利用合并计算求年级平均成绩的具体操作步骤为：新建一个工作表，命名为年级平均成绩，用于保存各科目的年级平均成绩。选定用于存放平均成绩的单元格区域，在"数据"选项卡中的"数据工具"功能区中单击"合并计算"，弹出"合并计算"对话框。在对话框"函数"下拉列表中选择"平均值"，在"引用位置"下分别选取 1 班至 6 班的各科目平均成绩区域，并单击"添加"按钮加入对话框的"所有引用位置"列表项中，如图 3 - 3 - 41 所示，最后单击"确定"按钮。

图 3 - 3 - 41 设置合并计算单元格区域

合并计算结果如图 3 - 3 - 42 所示，计算结果是以分类汇总的方式显示的，单击左侧的"+"号，可以显示源数据信息。

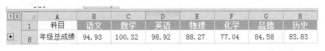

图 3 - 3 - 42 合并计算结果

练一练

1. 以下关于 VLOOKUP 函数的说法，不正确的是（　　　）。

A. 查找目标必须位于自定义查找区域的最左列，可以为数值、引用或字符串

B. 当返回查找数据的列号值为 1 时，返回查找范围第一列的数值，当值为 2 时，返回查找范围第二列的数值，如果值小于 1 或者大于查找区域列数时，将返回错误

C. 查找时，采用的匹配方式值为 FALSE 或 0，则返回近似匹配值；如果值为 TRUE 或 1，则返回精确匹配值

D. 以上都不正确

2. 在某工作表中筛选出某项的正确操作方法是（　　　）。

A. 鼠标单击数据表外的任一单元格，执行"数据"→"筛选"→"自动筛选"菜单命令，鼠标单击想查找列的向下箭头，从下拉菜单中选择筛选项

B. 鼠标单击数据表中的任一单元格，执行"数据"→"筛选"→"自动筛选"菜单命令，单击想查找列的向下箭头，从下拉菜单中选择筛选项

C. 执行"编辑"→"查找"菜单命令，在"查找"对话框的"查找内容"框输入要查找的项，单击"关闭"按钮

D. 执行"编辑"→"查找"菜单命令，在"查找"对话框的"查找内容"框输入要查找的项，单击"查找下一个"按钮

3. 关于分类汇总，叙述正确的是（　　）。

A. 分类汇总前，首先应按分类字段值队记录排序

B. 分类汇总可以按多个字段分类

C. 只能对数值型字段分类

D. 汇总方式只能求和

4. Excel 中的分类汇总功能包括（　　）。

A. 求和　　　　　　　　B. 计数　　　　　　　　C. 求平均　　　　　　　　D. 以上都是

项目四

创建产品销售图表

【项目介绍】

　　小王是某产品制造公司的销售人员，并负责统计公司产品的销售情况。为了更直观地统计分析产品的销售情况，公司要求小王将现有的产品销售表制作成图表形式交给公司，并能根据需要对图表进行修改。但是小王在图表的制作方面是个"菜鸟"，请帮助小王完成图表的制作。

【学习目标】

1. 了解图表的类型和构成。
2. 掌握表和图的转换方法。
3. 掌握图表的数据编辑方法。
4. 掌握图表类型及外观的编辑方法。

【素质目标】

　　1. 掌握将数据转化为图表的能力。学会使用 Excel 将销售数据转换为图表，如折线图、柱状图等，以便更直观地展示销售趋势和关键信息。

　　2. 培养图表的创意和设计能力。掌握编辑和修改图表外观的方法，包括颜色、标签、图例等，以及添加趋势线或注释的方法，使图表更加有吸引力，并且信息丰富。

　　3. 提升数据分析与沟通。能够从图表中分析销售趋势、比较数据，以及从图表的视觉展示中清晰地传达信息，培养有效的数据沟通和分析能力。

任务1　将销售表转换为图表

将销售表
转换为图表

　　在帮助小王完成图表制作前，需要学习 Excel 中图表的相关知识，包括图表的类型、图表的组成及创建图表的方法。

活动1　了解图表的类型及构成

　　Excel 2016 版本中支持 11 种标准图表类型（Excel 2003 版本中为 14 种，Excel 2016 将某些图表类型进行了合并），每一种图表型又分多个子类型，可以根据不同需要，选择不同的图表类型表现数据。常用的图表类型有柱形图、折线图、饼图、条形图、面积图、XY散点图、股价图、曲面图、圆环图、气泡图和雷达图等（每种图表类型的功用请查看图表向导）。一个图表由以下几部分组成，如图3-4-1所示。

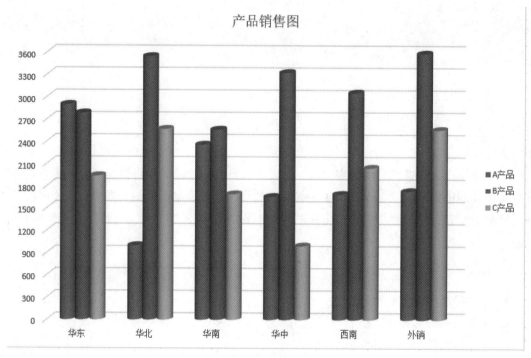

图3-4-1　图表的构成

①图表标题：描述图表的名称，默认在图表的顶端，可有可无。

②坐标轴与坐标轴标题：坐标轴包括X、Y、Z轴，带有刻度，用于显示图表中的数据；坐标轴标题是X轴、Y轴或Z轴的名称，可有可无。其中，饼图和圆环图没有坐标轴，雷达图只有数值轴，没有分类轴。

③图例：包含图表中相应的数据系列的名称和数据系列在图中的颜色。

④绘图区：以坐标轴为界的区域。

⑤数据系列：一个数据系列对应工作表中选定的一行或一列数据。

⑥网格线：从坐标轴刻度线延伸出来并贯穿整个"绘图区"的线条系列，可有可无。

⑦背景墙与基底：三维图表中会出现背景墙与基底，是包围在许多三维图表周围的区域，用于显示图表的维度和边界。

活动2　将产品销售表转换成图表

图表有独立图表和嵌入式图表两种，其创建的方法不同。独立图表的创建方式为：选择数据，按功能键"F11"，或将光标放置在当前工作表名上，右击，选择"插入"，在"插入"对话框中选择图表模板。图表工作表默认的表选项卡名分别为Chart1、Chart2等；而嵌入式图表的创建方式为：选取需要用图表表示的数据区域，选择"插入"选项卡，在"图表"功能区中选择图表类型。图表创建完毕后，Excel 会自动在功能区上方激活"图表工具"，图表工具包括"设计"选项卡、"布局"选项卡和"格式"选项卡，如图 3 - 4 - 2 所示。

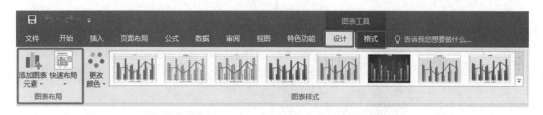

图 3 - 4 - 2 图表工具区域

图表工具区域主要选项卡的功能如下：

"设计"选项卡：主要用于对图表类型的更改、数据系列的行列转换、图表布局、图标样式的选择。

"布局"选项卡：添加图表元素，即在图表中添加坐标轴、坐标轴标题、图表标题、数据表、图例等图表元素。此外，还可进行快速布局，即根据表格内置的图表布局方式进行布局。

"格式"选项卡：设置和编辑形状样式、艺术字样式、排列和大小。

现将产品销售表转换为图表，建立"三维簇状柱形图"，水平（分类）轴标签为地区名，图例项（系列）为产品名，图表标题为"产品销售图"，图例位置靠上，将图插入该工作表的 A10:E24 单元格区域内，具体操作方法如下：

①选定"产品销售表"A2:D8 区域（即整张表），在"插入"选项卡中的"图表"功能区中单击"柱形图"命令，在下拉菜单中选择"三维柱形图"→"三维簇状柱形图"，如图 3 - 4 - 3 所示。

图 3 - 4 - 3 设置图表类型

②选择"图表工具"→"布局"选项卡，在"标签"功能区中单击"图表标题"命令，在弹出的下拉菜单中选择第三个，即"图表上方"命令，如图 3 - 4 - 4 所示。此时，

在图表上方出现"图表标题",选中后单击,或右击,选择"编辑文字",对标题进行编辑,改成"产品销售图"。

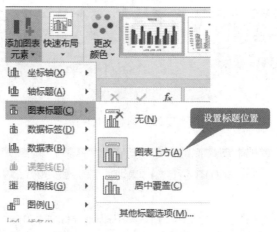

图 3 - 4 - 4　设置图表标题

③选中"图例项",右击,在弹出的菜单中选择"设置图例格式",在对话框中选择"图例选项",将图例位置设置为"顶部"即可,如图 3 - 4 - 5 所示。

④选中图表区域,鼠标出现十字双箭头时可移动图表,鼠标移动到图表右下角,出现双箭头时,可调整大小。将图表其插入 A10:E24 单元格区域内,如图 3 - 4 - 6 所示。

图 3 - 4 - 5　设置图例项位置

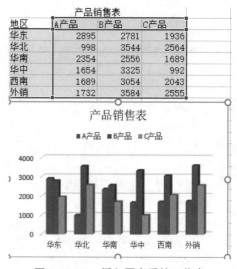

图 3 - 4 - 6　插入图表后的工作表

如果要创建独立的工作图表,选中"产品销售表"A2:D8 单元格区域,按"F11"键,在"文件"选项卡中的"类型"功能区中单击"更改图表类型"命令,改为"三维簇状柱形图"。重复②、③步骤,即可建立独立的图表工作表,如图 3 - 4 - 7 所示。

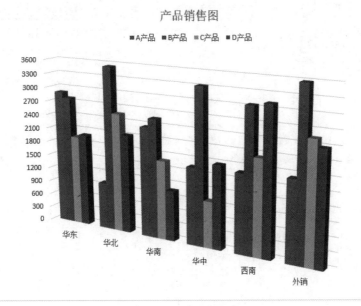

图 3 - 4 - 7　生成的独立图表

任务 2　**对图表进行编辑修改**

对图表进行编辑修改

根据实际需要，公司要求对销售图表添加一个 D 产品的销售情况，见表 3 - 4 - 1。为了让图表更美观、数据的查看更直观，公司还要求适当修改图表的背景区颜色、背景墙颜色；将坐标轴 Y 刻度设置为300，并在 X 轴方向适当旋转一定的角度，图表类型改为"簇状圆柱图"，并扩大图表范围区域，放置在 A10:J35 单元区域。同时，对图表做备份处理，将备份图表设置为独立图表，并将图表类型改为簇状柱形、D 产品折线的混合形式。

表 3 - 4 - 1　D 产品销售情况

地区	华东	华北	华南	华中	西南	外销
销售数量	1 999	2 123	1 078	1 782	3 122	2 392

活动 1　图表数据的编辑修改

要对产品销售图添加 D 产品的销售情况，首先需要将 D 产品的销售数据添加到产品销售表中，而后对图表数据进行修改。这里，根据表 3 - 4 - 1 中的数据，直接将 D 产品添加在 E 列，添加 D 产品到产品销售图的具体操作为：选中图表右击，单击"选择数据"，或者在"设计"选项卡下的"数据"面板中单击"选择数据"，如图 3 - 4 - 8 所示。

在弹出的"选择数据源"对话框中，删除"图表数据区域"中原来单元格的区域，重新选择添加 D 产品后的单元格区域，即 A2:E8 区域，如图 3 - 4 - 9 所示，并单击"确定"按钮。

图 3 – 4 – 8 "选择数据" 在面板中的位置

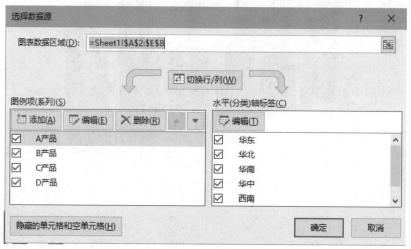

图 3 – 4 – 9 设置图表数据区域

最后，选中图表，调整图表大小，将图表放置于 A10：J35 单元格区域，如图 3 – 4 – 10 所示。

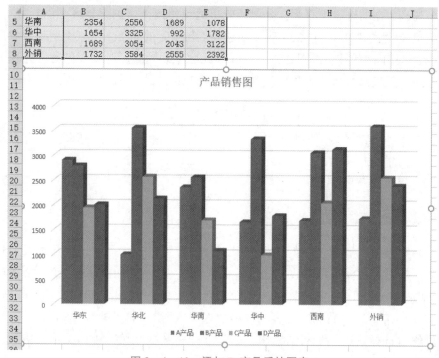

图 3 – 4 – 10 添加 D 产品后的图表

活动 2　图表类型及外观的修改

根据公司修改要求，假设将图表的背景区颜色改为绿色渐变、背景墙颜色改为黄色渐变，图表沿 X 轴旋转 30°，坐标轴 Y 刻度设置为 300，并修改数据系列为"簇状圆柱图"。修改的具体操作步骤如下：

①选中图表，右击，在弹出的菜单中选择"设置图表区格式"，在"设置图表区格式"对话框的"填充"菜单中选择"渐变填充"，选中"渐变光圈"最左边的滑块，在"颜色"旁边的按钮中选择"绿色"，最后关闭对话框即可，如图 3 - 4 - 11 所示。如果调整"渐变光圈"中间的滑块，则能改变渐变的效果。

②将光标放置于图表中背景墙上并右击，在菜单中选择"设置背景墙格式"，在对话框中的"填充"菜单中选择"渐变填充"，将"渐变光圈"的滑块颜色调整为"黄色"即可，如图 3 - 4 - 12 所示。类似于步骤①的操作。

图 3 - 4 - 11　设置图表背景颜色

图 3 - 4 - 12　设置图表背景墙颜色

③选中图表并右击，在弹出的菜单中选择"设置图表区域格式"，在"设置图表区格式"对话框的"三维旋转"菜单下设置"X 旋转"为 30°，并取消勾选"图表缩放"下的"直角坐标轴（X）"，如图 3 - 4 - 13 所示。

④选中图表区域中的 Y 轴并右击，在弹出的菜单中选择"设置坐标轴格式"，在"设置坐标轴格式"对话框中，在"坐标轴选项"面板下设置主要单位为"固定"，并在旁边的文本框内输入数值 300 即可，如图 3 - 4 - 14 所示。

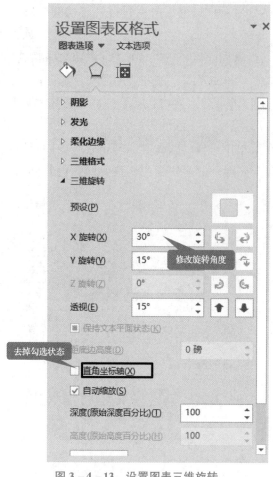

图 3 - 4 - 13　设置图表三维旋转

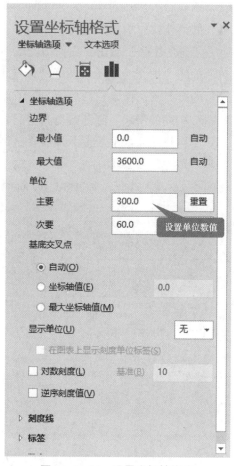

图 3 - 4 - 14　设置坐标轴格式

⑤在图表的数据系列区域中右击，在弹出的菜单中选择"更改系列图表类型"，在"更改图表类型"对话框中选择"簇状柱形图"，如图 3 - 4 - 15 所示，最后单击"确定"按钮。

最后，可以看到在产品销售表 A10:J35 单元格区域内图表修改后的效果，如图 3 - 4 - 16 所示。

活动 3　制作簇状柱形加折线图表

首先，将图表进行备份并生成独立图表，具体操作步骤为：选中整张图表，鼠标右击，在弹出的菜单中选择"复制"或者按"Ctrl + C"组合键进行复制，选中当前工作表的任意单元格，右击，在弹出的菜单中选择"粘贴"，或者按"Ctrl + V"组合键进行粘贴。此时，完成产品销售图表的备份。选中备份的图表，右击，在弹出的菜单中单击"移动图表"，在弹出的"移动图表"对话框中选择图表的位置为"新工作表"，如图 3 - 4 - 17 所示，单击"确定"按钮。

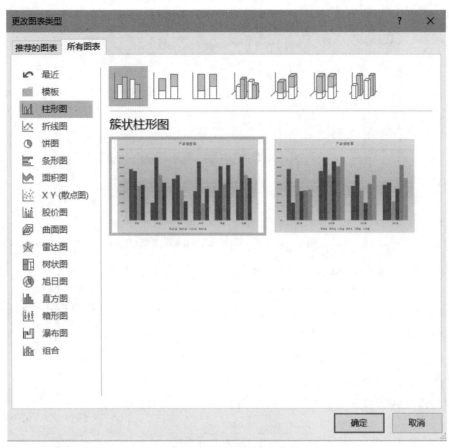

图 3 - 4 - 15 更改图表类型

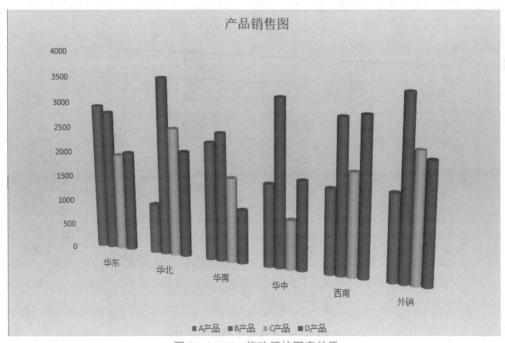

图 3 - 4 - 16 修改后的图表效果

图 3 – 4 – 17　移动图表到新工作表

现在图表移动到了 Chart1 中，即为独立图表。选中当前独立图表，右击，在弹出的菜单中单击"更改系列图表类型"，在"更改图表类型"对话框中选择"簇状柱形图"，并单击"确定"按钮。选中"D 产品"图例项，右击，在弹出的菜单中单击"更改系列图表类型"，如图 3 – 4 – 18 所示。在"更改图表类型"对话框中选择"折线图"，并单击"确定"按钮。修改后的独立图表如图 3 – 4 – 19 所示。

图 3 – 4 – 18　更改系列图表类型

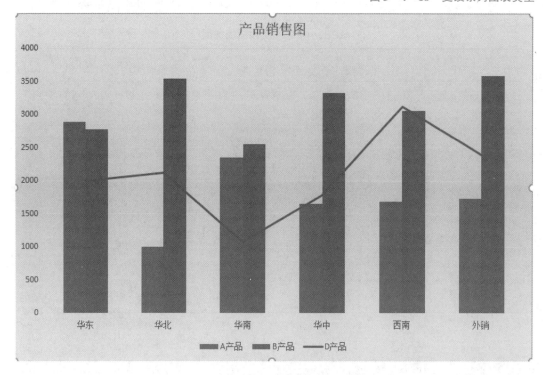

图 3 – 4 – 19　修改后的独立图表效果

练一练

1. 在 Excel 中，下面表述正确的是（　　）。

A. 要改动图表中的数据，必须重新建立图表

B. 图表中数据是可以改动的

C. 图表中数据是不能改动的

D. 改动图表中的数据是有条件的

2. 使用"图表向导"制作统计图表的四个步骤中，第一步是（　　）。

A. 指定图表数据源　　　　　　　　B. 确定图表位置

C. 设置图表选项　　　　　　　　　D. 选择图表类型

3. 对于一个已经制作好的柱形图表，如果想修改其中某个系列的柱形颜色，应当（　　）。

A. 首先选取原始数据表格中该数据系列　　B. 首先选取图表中该系列的柱形

C. 首先单击"编辑"菜单　　　　　　D. 首先单击"格式"菜单

4. 在图表中要增加标题，在激活图表的基础上，可以（　　）。

A. 执行"插入"→"标题"菜单命令，在出现的对话框中选择"图表标题"命令

B. 执行"格式"→"自动套用格式化图表"命令

C. 右击，在快捷菜单中执行"图表标题"菜单命令，选择"标题"选项卡

D. 用光标定位，直接输入

项目五

学生调查问卷的制作

【项目介绍】

为了丰富学生的课余生活，某学校决定开设课外兴趣班。为了让课外兴趣班开设的课程更有针对性，开班前，学校要求对在校学生做一个调查问卷。调查问卷主要了解学生的基本信息，包括年龄、性别、所喜欢的学科、空余时间等内容，在学生做完调查问卷后，能自动给出调查结果。

【学习目标】

1. 了解常用控件的功能及用法。
2. 掌握 Excel 中"宏"的概念及用法。
3. 掌握用 VBA 编辑器创建"宏"。

【素质目标】

1. 培养编程逻辑与自动化的能力。通过使用 VBA，可以创建自定义的宏，使问卷具备更高级的互动性和功能。

2. 培养创新思维，为问卷添加独特的功能。通过学习使用 VBA，为问卷添加自定义的功能，提供个性化的问卷体验。

3. 培养问题解决与技术应用的能力。在开发过程中可能会遇到问题，例如调试错误、优化代码等，学生需要能够分析问题、查找解决方案，并将 VBA 知识应用于解决这些技术挑战。

任务1 利用控件制作学生调查问卷

根据项目说明，在 Excel 中要实现调查问卷所需的功能，可以用控件来制作。例如，选项按钮可以实现性别的选择，复选框可以用来选择兴趣爱好，等等。

利用控件制作
学生调查问卷

活动1 Excel 中常用窗体控件的介绍

Excel 中的控件分为两种类型，分别是窗体控件和 ActiveX 控件。这里主要学习窗体控件。Excel 中的窗体控件是位于开发工具面板下的一些图形对象，可用来显示或输入数据、执行操作或使表单更易于阅读。窗体控件主要包括文本框、列表框、复选框、选项按钮、命令按钮及其他一些对象。控件提供给用户一些可供选择的选项，或是某些按钮，单击后可运行宏命令。

在 Excel 中，如果要使用窗体控件，首先要在选项卡面板中调出开发工具，具体操作为：单击"文件"按钮，在弹出的菜单中单击"选项"命令，在"Excel 选项"对话框"自定义功能区"下方列表中勾选"开发工具"，如图 3 – 5 – 1 所示，然后单击"确定"按钮。回到 Excel 中的工作表，在选项卡面板中即可出现"开发工具"选项。

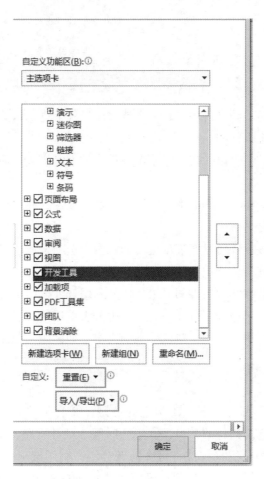

图 3 – 5 – 1　设置 Excel 选项

在"开发工具"选项卡"控件"面板下，单击"插入"命令，在弹出的菜单中就可以看到控件，如图 3 – 5 – 2 所示。

下面给出 Excel 中常用控件的介绍：

①按钮：可以实现用户和表格间的交互，通过单击按钮执行特定的功能，还可以执行宏操作。

②组合框：类似于文本框与列表框的结合。组合框呈下拉列表形式，比列表框更加简洁，用户可以单击下箭头显示项目列表。

图 3 – 5 – 2　Excel 的控件

③复选框：复选框是一种允许用户在一个或多个控件上进行勾选或取消勾选的控件，常用于在线测试、问卷调查等文档。

④数值调节钮：该控件可以实现通过单击控件中的上箭头或下箭头来调节单元格中数值的大小。

⑤列表框：列表框能够以列表的形式显示一组数据项。其和组合框的区别是：列表框不支持下拉，但可以实现复选。

⑥选项按钮：利用该控件可以实现单选。如果多个选项按钮放在一起，选择时，按钮间会自动互斥，只能选中其一。选项按钮通过单击激活，此时按钮中心出现黑点。

⑦分组框：分组框能够实现控件的分组，比如利用选项按钮实现不同类别的单选时，可以用分组框将不同类别的选项按钮分在一起，实现分组单选的功能。

⑧标签：该控件可以用来显示一些说明性的文本，如标题、题注或简短说明。

活动2　学生调查问卷界面设计

学生调查问卷由以下部分组成：①学生的性别；②学生的年龄；③学生所学的专业；④学生家庭收入情况；⑤感兴趣的学科；⑥空余时间。设计思路：对于调查问卷中的问题，利用标签控件显示；利用分组框控件将每个问题分组；利用选项按钮来制作学生性别、年龄、所学专业；利用组合框控件制作学生家庭收入情况；利用复选框制作学生感兴趣的学科、空余时间。学生在做完调查问卷后，能通过按钮控件进行提交，并能查看调查结果。具体制作步骤如下：

①选中 A1:G1 单元格区域，对其进行合并居中，输入标题"×××学校关于开展兴趣班的调查问卷"。单击"开发工具"→"控件"→"插入"，在菜单中的"表单控件"下单击"分组框控件（窗体控件）"，此时光标变为细黑十字形，在标题下方按住左键不放，拖曳成一个矩形区域。或选中分组框，右击，选择"设置控件格式"，在"大小"面板下可精确设置宽、高，如图 3 – 5 – 3 所示。

图 3 – 5 – 3　设置分组框控件格式

②选中分组框控件，右击，在菜单中选择"编辑文字"，或者直接单击分组框控件中默认的文字部分，将文字改为"问题一"。在"表单控件"中单击"标签（窗体控件）"，同样，光标变为细黑十字形，按住鼠标不放，拖曳成一个矩形区域，或者通过"设置控件格式"完成大小的设置，将标签控件中默认的文字编辑成"你的性别是："，文字的编辑方法与分组框控件的相同。

③在"表单控件"中单击"选项按钮（窗体控件）"，并置于"问题一"的分组框内，适当调整控件大小，文字分别设置成"男""女"，选项按钮控件大小及文字的设置方法与步骤②的相同，完成后的效果如图 3 – 5 – 4 所示。

图 3 – 5 – 4　"问题一"的设置效果

④同理，学生年龄、所学专业的问题，制作方法和问题一的类似。例如，对问题二中的学生年龄的制作，只需将标签控件设置成"你的年龄是："，并在分组框内添加三个选项按钮控件，文字分别设置为"13 – 15 岁""16 – 18 岁""18 岁以上"即可。

⑤对于学生家庭收入问题，用组合框控件来制作。在"表单控件"中单击"组合框（窗体控件）"，置于问题四分组框内。如果此时单击组合框中的下三角箭头，下拉列表为空，所以必须设定列表项目。在工作表中除调查问卷外区域的任意一列单元格内输入家庭收入，这里在 K 列中输入五项，分别为"1000 - 3000 元""3000 - 5000 元""5000 - 8000 元""8000 - 15000 元""20000 元以上"。选中组合框，右击，在快捷菜单中单击"设置控件格式"，在对话框"控制"面板的"数据源区域"中选定刚才输入的单元格区域，如图 3 - 5 - 5 所示，单击"确定"按钮，此时，再次单击组合框中的下三角箭头，即可出现 K 列单元格中的内容，如图 3 - 5 - 6 所示。为了调查问卷的美观，选中 K 列，鼠标右击，选择"隐藏"，将 K 列隐藏起来。

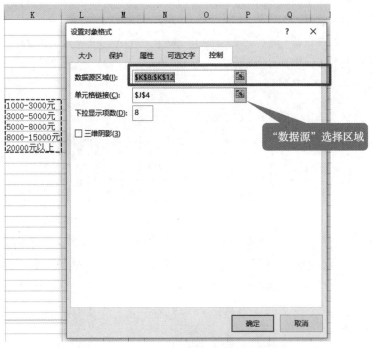

图 3 - 5 - 5　设置组合框数据源区域

图 3 - 5 - 6　组合框设置后的效果

⑥感兴趣的学科和空余时间这两个问题可以用复选框来制作。在"表单控件"中单击"复选框（窗体控件）"，分别置于问题五、问题六分组框内，并对这些复选框控件编辑说明文字，如图 3 - 5 - 7 所示。

问题五				
你感兴趣的学科为：	☑ 电子类	☑ 计算机类	☑ 影视类	☑ 艺术类
问题六				
你的空余时间为：	☑ 上午	☐ 下午	☐ 晚上	☑ 双休日

图 3 - 5 - 7　复选框控件设置后的效果

⑦最后，在"表单控件"中单击"按钮（窗体控件）"，置于所有问题的下方，并编辑文字为"提交"。在调查问卷的外观上可以进行适当的美化，在"视图"选项卡中的"显示"面板下，取消勾选"网格线"，即可对工作表中的网格线进行隐藏，最终效果如图 3 - 5 - 8 所示。

图 3 - 5 - 8　学生调查问卷界面效果

任务 2　学生调查问卷功能的实现

当学生做完调查问卷后，单击"提交"按钮，则可以自动给出调查问卷的结果。对于这一部分功能，可以用 Excel 中的"宏"来实现。

学生调查问卷
功能的实现

活动1　Excel 中"宏"的概念与操作

宏（Macro）可以看作指令集，通过执行一组命令来完成某项功能。计算机科学里的宏是一种抽象的，根据一系列预定义的规则替换一定的文本模式。Excel 办公软件自动集成了"VBA"高级程序语言，用此语言编制出的程序就叫"宏"。

那么，如何在 Excel 中使用宏呢？宏的使用主要分为两个步骤：第一是录制或创建宏；第二是使用宏。例如，通过宏将单元格 A2 内的文字修改为黑体、15 号、红色，如果使用录制宏的方法，具体操作为：选中任意单元格内的文字，这里选择 A1 单元格，单击"开发工具"→"代码"→"录制宏"命令，如图 3 – 5 – 9 所示，此时弹出"录制宏"对话框。

图 3 – 5 – 9　"录制宏"命令位置

在"录制宏"对话框内可以设置宏的名称、组合键等操作，这里设置宏名称为"宏1"，组合键设置为"Ctrl + h"，如图 3 – 5 – 10 所示，最后单击"确定"按钮。

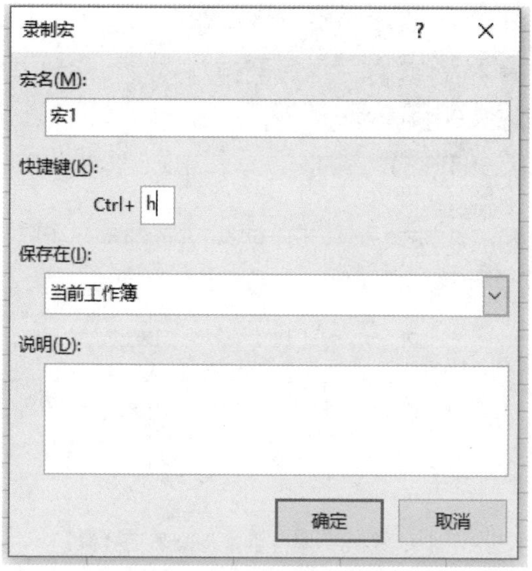

图 3 – 5 – 10　设置宏名称及组合键

在"开始"→"字体"面板中，分别设置 A1 单元格的字体为黑体、字号为 15 号、颜色为红色，然后在"开发工具"→"代码"面板中单击"停止录制"命令，如图 3 – 5 – 11 所示，即完成"宏1"的录制。

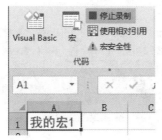

图 3 – 5 – 11　停止录制宏

要修改单元格 A2 内的文字格式时，首先选中 A2 单元格，单击"开发工具"→"代码"面板中的"宏"命令，弹出"宏"对话框。在对话框内，单击"执行"按钮，如图 3 – 5 – 12 所示，或者按"Ctrl + h"组合键，此时单元格 A2 内的文字格式即发生改变，如图 3 – 5 – 13 所示。

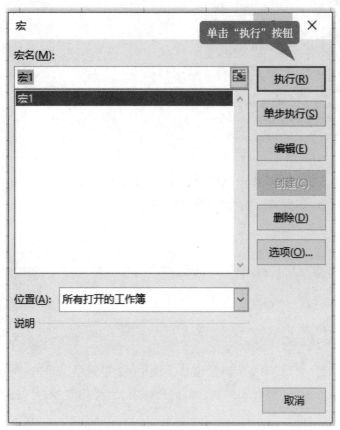

图 3 – 5 – 12　执行"宏 1"命令

利用创建宏的方式修改的具体步骤为：单击"开发工具"→"代码"面板中的"宏"命令，在弹出的对话框内设置宏名称，这里设置为"宏 2"，单击"创建"命令，弹出 VBA 编辑器，如图 3 – 5 – 14 所示。

图 3 – 5 – 13　"宏 1"
执行的结果

图 3 – 5 – 14 VBA 编辑器界面

在代码中，"Sub 宏 2( )"表示创建宏的开始，End Sub 表示结束，只需在其中编写设置字体、字号及颜色的代码即可。编写的代码如下所示：

```
Sub 宏 2( )
With Selection.Font
    .Name = "黑体"
    .Size = 15
    .Color = vbRed
End With
End Sub
```

代码编写完毕后，关闭 VBA 编辑器窗口，选中 A2 单元格，单击"开发工具"→"代码"面板中的"宏"命令，在弹出的对话框内选择宏 2，单击"执行"按钮即可完成修改。

活动 2 利用"宏"完成学生调查问卷结果的统计

要实现调查结果的自动统计，可以创建一个宏将调查数据保存到另一张表中，然后通过单击"提交"按钮执行这个宏。再创建一张表，利用函数统计调查保存的数据即可。在此之前，还需对调查问卷界面中的控件进行相应设置，以判断出学生所选的项目。

在 Sheet1 工作表中，对学生所选的项目，可以利用对应的控件所返回的值去判断。现将所有控件返回的值放在第 33 行，从问题一至问题六，依次选中每个控件并右击，单击

"设置控件格式"命令，在弹出的对话框中，在"控制"面板下的"单元格链接"中选择控件返回值的单元格位置。例如，对于问题一中性别为男的选项按钮，"单元格链接"设置为 $A$33，如图 3 – 5 – 15 所示，单击"确定"按钮。

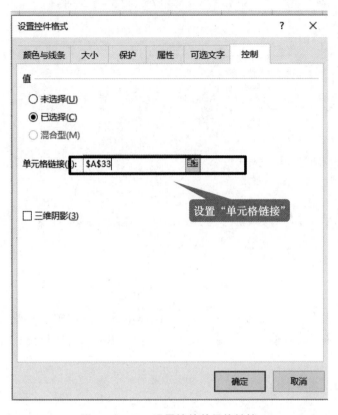

图 3 – 5 – 15　设置控件单元格链接

剩余的 11 个控件按照上述方法，将单元格链接依次设置为 $B$33：$L$33，此时可以看出，选项按钮所在单元格链接中，数值为 1 表示第一个选项，为 2 即为第二个选项。例如，在性别中，选择"男"，单元格链接返回的数值为 1；选择"女"，返回值为 2。组合框控件中，从上到下所选的值在单元格链接中依次返回的是 1～5，复选框控件选中状态返回值为 TRUE，否则为 FALSE。设置完毕后的效果如图 3 – 5 – 16 所示。

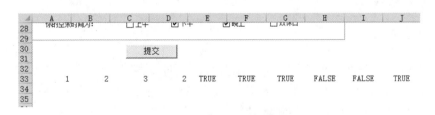

图 3 – 5 – 16　设置单元格链接效果

现在创建宏，当学生单击"提交"按钮时，可以通过执行宏将所选的数据保存起来，而后对保存的数据，即每次进行调查问卷的数据进行统计。所以，这里需要创建两张表：一张用来保存数据；另一张用来进行数据统计。假设选择 Sheet2 表用来做统计，Sheet3 表用来保存数据，在 Sheet2 表中应该包含参与调查问卷的总人数、每个问题中选项的选择次数，而用来进行保存数据的 Sheet3 表中应当包含每个选项，对应于调查问卷中每个问题。Sheet2 和 Sheet3 两张表完成创建后的效果如图 3－5－17 和图 3－5－18 所示。

	A	B	C	D	E	F	G	H	I	J
	参与调查的人数：									
	性别	年龄			专业		家庭收入		兴趣爱好	
	男	13-15岁			电子电工		1000-3000元		电子类	
	女	16-18岁			电子商务		3000-5000元		计算机类	
		18岁以上			计算机应用		5000-8000元		影视类	
					其他		8000-15000元		艺术类	
							20000元以上			

图 3－5－17 Sheet2 表创建后的效果

	A	B	C	D	E	F	G	H	I
1	性别	年龄	所学专业	家庭收入	电子类	计算机类	影视类	艺术类	上午
2									
3									
4									
5									

图 3－5－18 Sheet3 表创建后的效果

单击"开发工具"→"代码"→"宏"，在弹出的对话框中输入要创建的宏名称，这里设置宏名称为"提交"，单击"创建"按钮，进入 VBA 编辑器界面。在编辑器中输入的代码如下：

```
Public Sub 提交()
Dim Temp As Integer
Sheets("sheet2").Select
Cells(1,5).Value = Cells(1,5).Value + 1
Temp = Cells(1,5).Value + 1
Sheets("sheet1").Select
Range("A33:L33").Select
Selection.Copy
Sheets("sheet3").Select
Rows(Temp).Select
ActiveSheet.Paste
Application.CutCopyMode = False
End Sub
```

以上代码中，学生每次单击"提交"按钮时，Cells(1,5)即 Sheet2 表中 E7 单元格自加，用于记录参与调查的人数。代码中定义了一个整型的 Temp 变量，值为 E7 加 1，即比每次调查人数多 1，是因为 Temp 变量用来确定每次调查数据存放在 Sheet3 中的行数，Sheet3 中第一行为标题，所以数据存放从第二行开始。代码 Range("A33:L33").Select 用来选中 Sheet1 表中每个选项控件的返回值，Application.CutCopyMode＝False 用来取消 Sheet1 表中所选返回值的复制状态。

宏创建完毕后，还需要将按钮控件指定宏，这样，在单击"提交"按钮时才能自定执行宏。指定宏的操作步骤为：选中"提交"按钮控件，右击，选择"指定宏"，如图 3 – 5 – 19 所示。

图 3 – 5 – 19　将控件指定宏

在"指定宏"对话框内选择创建的名为"提交"的宏，单击"确定"按钮即可。在 Sheet2 表中，统计每个问题所选的总次数，只要计算 Sheet3 表中每个问题所对应的不同值的单元格个数即可，所以可以用函数 COUNTIF 来实现。例如，要统计调查的性别情况，具体操作为：在 Sheet2 中选择 B2 单元格，插入 COUNTIF 函数，设置 B2 单元格为 = COUNTIF（Sheet3！A∶A,1），即在 Sheet3 中的 A 列去统计值为 1 的单元格个数，从而统计出性别为"男"的个数；B4 单元格设置为 = COUNTIF（Sheet3！A∶A,2），统计出性别为"女"的个数。同理，利用 COUNTIF 函数可统计出其他选项的个数。

为了验证学生调查问卷的功能，随机请了 8 个学生做调查，调查中保存的数据及统计结果分别如图 3 – 5 – 20 和图 3 – 5 – 21 所示。

	A	B	C	D	E	F	G	H	I
1	性别	年龄	所学专业	家庭收入	电子类	计算机类	影视类	艺术类	上午
2	2	2	3	1	TRUE	FALSE	TRUE	TRUE	TRUE
3	1	1	2	4	TRUE	TRUE	FALSE	TRUE	TRUE
4	2	2	4	2	FALSE	FALSE	TRUE	TRUE	TRUE
5	1	2	4	1	TRUE	FALSE	TRUE	TRUE	FALSE
6	1	3	2	5	TRUE	FALSE	TRUE	FALSE	FALSE
7	2	2	3	2	TRUE	TRUE	TRUE	FALSE	FALSE
8	1	2	1	2	TRUE	TRUE	FALSE	FALSE	TRUE
9	2	1	1	2	TRUE	FALSE	FALSE	FALSE	FALSE
10									

图 3 – 5 – 20　调查中保存的数据

	A	B	C	D	E	F	G	H	I
1	参与调查的人数：								
2		性别	年龄		专业		家庭收入		兴趣爱
3	男	4	13-15岁	2	电子电工	2	1000-3000元	2	电子类
4	女	4	16-18岁	5	电子商务	2	3000-5000元	4	计算机类
5			18岁以上	1	计算机应用	2	5000-8000元	0	影视类
6					其他	2	8000-15000元	1	艺术类
7							20000元以上	1	
8									

图 3 – 5 – 21　调查统计结果

练一练

1. 以下关于 Excel 中控件的描述，错误的是（　　　）。

A. 多个选项按钮放在一起，选择时，按钮间会自动互斥，只能选中其一

B. 对组合框进行设置时，"下拉显示项数"表示组合框最多可容纳的项目个数

C. 对按钮控件指定宏，可以通过单击该按钮执行指定名称的宏

D. 设置复选框控件的"单元格链接"，可在该链接区域内返回复选框的值（是否选中）

2. 如果要执行某一宏命令，可以（　　　）。

A. 在"开发工具"→"代码"面板中进行"录制宏"操作，而后在"宏"中执行所对应的宏命令

B. 在"开发工具"→"代码"面板中的"Visual Basic"中创建并编写宏程序，而后在"宏"中执行所对应的宏命令

C. 使用窗体控件并对其"指定宏"，然后单击该控件执行所对应的宏命令

D. 以上都可以

本篇练习

小王今年毕业后，在一家计算机图书销售公司担任市场部助理，主要的工作职责是为部门经理提供销售信息的分析和汇总。

请你根据销售统计表（Excel. xlsx 文件），如图 3 – 5 – 22 和图 3 – 5 – 23 所示，按照如下要求完成统计和分析工作：

	A	B	C	D	E	
	销售订单明细表					
	订单编号	日期	书店名称	图书编号	图书名称	销量
	BTW-08001	2011年1月2日	鼎盛书店	BK-83021	《计算机基础及MS Office应用》	
	BTW-08002	2011年1月4日	博达书店	BK-83033	《嵌入式系统开发技术》	
	BTW-08003	2011年1月4日	博达书店	BK-83034	《操作系统原理》	
	BTW-08004	2011年1月5日	博达书店	BK-83027	《MySQL数据库程序设计》	
	BTW-08005	2011年1月6日	鼎盛书店	BK-83028	《MS Office高级应用》	
	BTW-08006	2011年1月9日	鼎盛书店	BK-83029	《网络技术》	
	BTW-08007	2011年1月9日	博达书店	BK-83030	《数据库技术》	
	BTW-08008	2011年1月10日	鼎盛书店	BK-83031	《软件测试技术》	
	BTW-08009	2011年1月10日	博达书店	BK-83035	《计算机组成与接口》	
	BTW-08010	2011年1月11日	隆华书店	BK-83022	《计算机基础及Photoshop应用》	
	BTW-08011	2011年1月11日	鼎盛书店	BK-83023	《C语言程序设计》	
	BTW-08012	2011年1月12日	隆华书店	BK-83032	《信息安全技术》	
	BTW-08013	2011年1月12日	鼎盛书店	BK-83036	《数据库原理》	
	BTW-08014	2011年1月13日	隆华书店	BK-83024	《VB语言程序设计》	
	BTW-08015	2011年1月15日	鼎盛书店	BK-83025	《Java语言程序设计》	
	BTW-08016	2011年1月16日	鼎盛书店	BK-83026	《Access数据库程序设计》	
	BTW-08017	2011年1月16日	鼎盛书店	BK-83037	《软件工程》	
	BTW-08018	2011年1月17日	鼎盛书店	BK-83021	《计算机基础及MS Office应用》	
	BTW-08019	2011年1月18日	博达书店	BK-83033	《嵌入式系统开发技术》	

图 3 – 5 – 22　销售情况表

图 3 − 5 − 23　图书定价表

1. 将 Sheet1 工作表命名为"销售情况"，将 Sheet2 工作表命名为"图书定价"。

2. 在"图书名称"列右侧插入一个空列，输入列标题为"单价"。

3. 将工作表标题跨列合并后居中并适当调整其字体，加大字号，改变字体颜色。设置数据表对齐方式及单价和小计的数值格式（保留 2 位小数）。根据图书编号，在"销售情况"工作表的"单价"列中，使用 VLOOKUP 函数完成图书单价的填充。"单价"和"图书编号"的对应关系在"图书定价"工作表中。

4. 运用公式计算工作表"销售情况"中 H 列的小计。

5. 为工作表"销售情况"中的销售数据创建一个数据透视表，放置在一个名为"数据透视分析"的新工作表中，要求针对各书店比较各类书每天的销售额。其中，书店名称为列标签，日期和图书名称为行标签，并对销售额求和。

6. 根据生成的数据透视表，在透视表下方创建一个簇状柱形图，图表中仅对博达书店一月份的销售额小计进行比较。

7. 保存 Excel. xlsx 文件。

第四篇

PowerPoint 2016 的使用

项目一

制作大学生交通安全知识讲座PPT

【项目介绍】

PowerPoint 2016 是微软公司推出的 Office 2016 办公系列软件的一个重要组成部分，主要用于幻灯片制作。本项目介绍的"制作大学生交通安全知识讲座" PPT 是较简单的幻灯片，主要涉及 PPT 制作的基础操作。

【学习目标】

1. 了解幻灯片的基本操作。

2. 学会如何输入文本。

3. 学会设置文字样式和段落格式。

制作大学生交通
安全知识讲座 PPT

【素质目标】

1. 具备计算机专业的基本职业道德，虚心学习，勤奋工作。

2. 通过掌握 PPT 制作中的艺术，体验 PPT 制作中的奥秘，形成认真学习的意识。

3. 熟悉 PPT 的基本操作，养成良好的习惯，能及时、高效地处理 PPT 的设计任务。

任务1 幻灯片的基本操作

创建的演示文稿中，默认的只有一张幻灯片，可以根据需要创建多张幻灯片。

活动1　新建幻灯片

1. 通过功能区的"开始"选项卡新建幻灯片

（1）调用"新建幻灯片"按钮

单击"开始"选项卡，在"幻灯片"组中单击"新建幻灯片"按钮 ，即可直接新建一个幻灯片，如图 4-1-1 所示。

图 4-1-1 "新建幻灯片"按钮

（2）查看新建的幻灯片

查看新建的幻灯片，系统即可自动创建一个新幻灯片，并且其缩略图显示在"幻灯片/大纲"窗格中。

2. 使用右击新建幻灯片

也可以使用右击的方法新建幻灯片。

（1）调用新建幻灯片菜单命令

在"幻灯片/大纲"窗格的"幻灯片"选项卡下的缩略图上或空白位置右击，在弹出的快捷菜单中选择"新建幻灯片"选项，如图 4-1-2 所示。

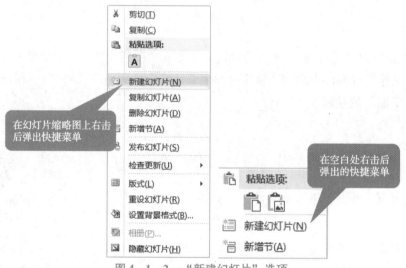

图 4-1-2　"新建幻灯片"选项

（2）选择幻灯片样式

选择幻灯片样式，系统即可自动创建一个新幻灯片，并且其缩略图显示在"幻灯片/大纲"窗格中，如图 4-1-3 所示。

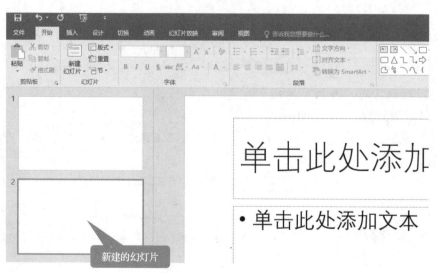

图 4-1-3　新建幻灯片

3. 使用组合键新建幻灯片

使用"Ctrl + M"组合键也可以快速创建新的幻灯片。

活动 2　保存设计好的文稿

演示文稿制作完成之后，可以将其保存起来，以方便使用。

单击"文件"选项卡中的"保存"或"另存为"选项，弹出"另存为"对话框，在"文件名"文本框中输入文件名，这里输入"大学生交通安全知识讲座"，然后选择文件的保存类型（.pptx），单击"确定"按钮，如图 4 - 1 - 4 所示。

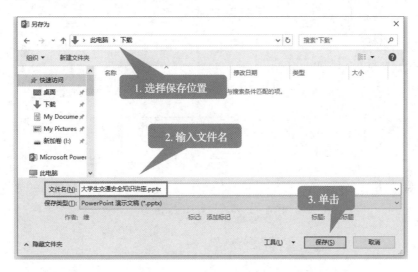

图 4 - 1 - 4　"另存为"对话框

> **小提示：**
>
> 在这里，是对新建的演示文稿保存操作，弹出"另存为"对话框，但是如果文档不是第一次保存，单击"保存"按钮后不再弹出"另存为"对话框。

活动 3　为幻灯片应用布局

在"大学生交通安全知识讲座"PPT 演示文稿中，随演示文稿自动创建的幻灯片自动出现的单个幻灯片有 2 个占位符。新建后的幻灯片可能也不是需要的幻灯片格式，这时就可以对其进行应用布局。

1. 通过"开始"选项卡为幻灯片应用布局

单击"开始"选项卡，在"幻灯片"组中单击"版式"按钮，在出现的下拉菜单中可以选择所要使用 Office 主题，即可为幻灯片进行布局，如图 4 - 1 - 5 所示。

2. 使用鼠标右键为幻灯片应用布局

在"幻灯片/大纲"窗格中"幻灯片"选项卡下的缩略图上右击，在弹出的快捷菜单中选择"版式"选项，从其子菜单汇总选择要应用的新的布局，如图 4 - 1 - 6 所示。

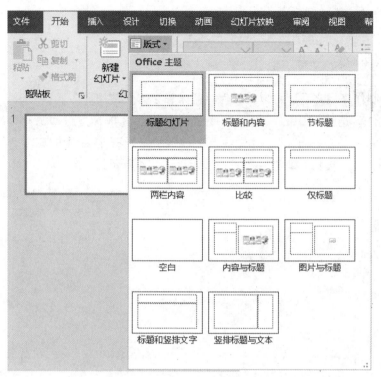

图4-1-5 幻灯片主题列表

图4-1-6 幻灯片应用布局

活动4 删除幻灯片

创建幻灯片之后，发现不需要那么多幻灯片，也可以直接使用"删除幻灯片"菜单命令。

在"幻灯片/大纲"窗格的"幻灯片"选项卡下，在第 3 张幻灯片的缩略图上单击鼠标右键，在弹出的菜单中选择"删除幻灯片"选项，幻灯片将被删除，"幻灯片/大纲"窗格中的"幻灯片"选项卡也不再显示，如图 4 - 1 - 7 所示。此外，还可以通过"开始"选项卡"剪贴板"组中的"剪切"命令直接完成幻灯片的删除。

图 4 - 1 - 7　删除幻灯片

任务 2　文字设置

完成幻灯片的操作之后，就可以输入"大学生交通安全知识讲座"PPT 的文本内容了。

活动 1　输入首页幻灯片标题

在普通视图中，幻灯片会出现"单击此处添加标题"或"单击此处添加副标题"等提示文本框，这种文本框统称为"文本占位符"，如图 4 - 1 -8 所示。

图 4 - 1 - 8　文本占位符

在 PowerPoint 2016 中，可以在"文本占位符"和"大纲"选项卡下直接输入文本。

1. 在"大纲"选项卡下输入标题

将光标定位在"大纲"选项卡下的幻灯片图标后，然后直接输入文本内容"大学生交通安全知识讲座"。

小提示：

> 在"大纲"选项卡中输入文本的同时，可以浏览所有幻灯片的内容。

2. 在"文本框"中输入文本

单击"幻灯片"窗格中的"文本框""单击此处添加副标题"处，然后输入文本内容"提纲"。

小提示：

> 在"文本占位符"中输入文本是最基本、最方便的一种输入方式。

活动 2　在文本框中输入文本

幻灯片中"文本占位符"的位置是固定的，如果想在幻灯片中的其他位置输入文本，可以通过绘制一个新的文本框来实现。在插入和设置文本框后，就可以在文本框中进行文本的输入。

1. 删除文本占位符

选择第 2 张幻灯片，然后选中文本占位符后，按"Delete"键将其删除。

2. 插入文本框

单击"插入"选项卡中的"文本"选项组中的"文本框"按钮，在弹出的下拉菜单中选择"横排文本框"选项，然后将光标移至幻灯片中，当光标变为向下的箭头时，按住鼠标左键并拖动，即可创建一个文本框。

3. 输入文本

单击文本框直接输入文本内容，这里输入"演讲大纲"4 个字。

4. 重复插入文本框并输入文字

再次插入横排文本框，然后输入文本内容，输入后的效果如图 4 – 1 – 9 所示。

活动 3　文字设置

对文本进行字号、大小和颜色的设置，可以让幻灯片的内容层次有别，而且更醒目。

1. 在字体对话框中设置标题字体

选择"演讲大纲"4 个字，然后右击，在弹出的快捷菜单中选择"字体"命令，弹出"字体"对话框。设置中文字体类型为"微软雅黑"，字号大小为"40"，字体样式为加粗，设置后，单击"确定"按钮，如图 4 – 1 – 10 所示。

2. 在"字体"选项组中设置正文字体

选择要设置同样字体的文本后，单击"字体"选项组中"字体"右侧的下拉按钮，在弹出的列表中选择一种字体，如"华文新魏"，字号大小为"28"，如图 4 – 1 – 11 所示。

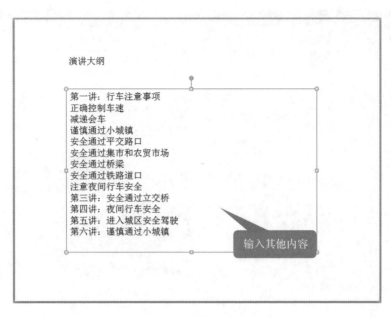

图 4 – 1 – 9　幻灯片输入文字效果

图 4 – 1 – 10　"字体"对话框

3. 用快捷菜单设置其他正文文本字体

选择文本后，在弹出的快捷菜单中设置文本字体为"华文楷体"，字号大小为"24"，如图 4 – 1 – 12 所示。

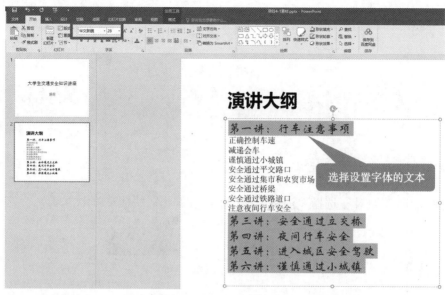

图 4 – 1 –11　选择文字

图 4 – 1 –12　快捷菜单

设置字体样式后，即可查看幻灯片效果，如图 4 – 1 –13 所示。

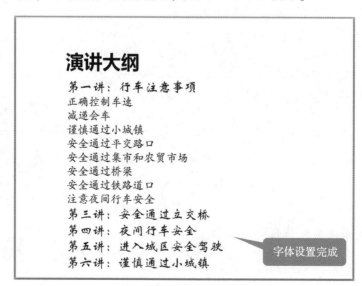

图 4 – 1 –13　幻灯片效果

活动 4　颜色设置

PowerPoint 2016 默认的文字颜色为黑色，可以根据需要将文本设置为其他各种颜色。如果需要设定字体的颜色，可以先选中文本，单击"字体颜色"按钮，在弹出的下拉菜单中选择所需的颜色。

1. 设置首页幻灯片标题与副标题颜色

切换到第 1 张幻灯片后，选择标题文字后，单击"字体"选项组中的"字体颜色"按钮，在弹出的颜色列表中选择"蓝色"即可。用同样的方法可以设置副标题文本颜色。

2. 设置第 2 张幻灯片颜色

切换到第 2 张幻灯片，选择"演讲大纲"后，在弹出的快捷菜单中，单击"字体颜色"右侧的下拉按钮，在弹出的列表中选择"红色"即可，如图 4 – 1 – 14 所示。

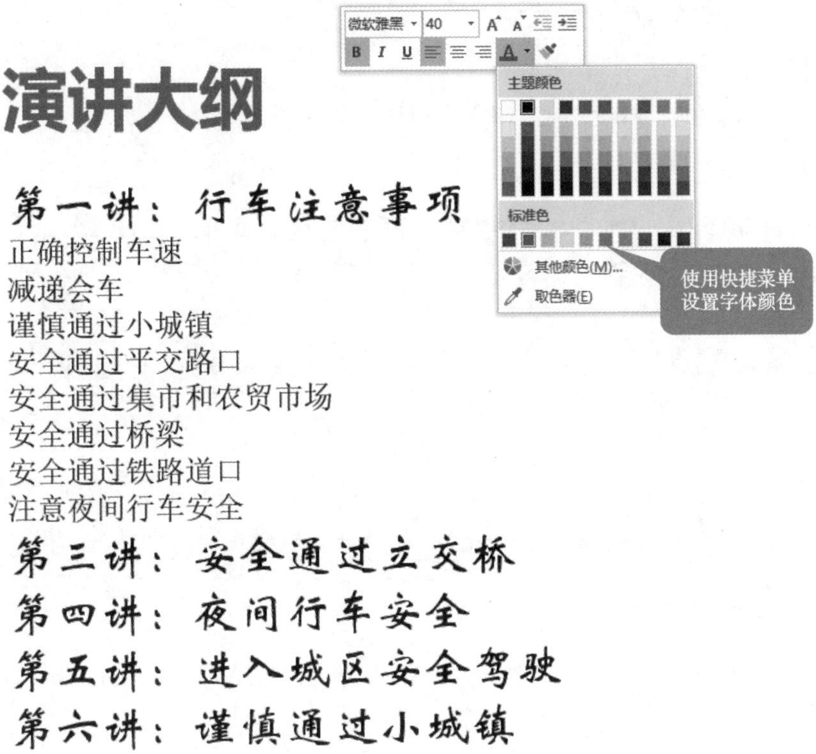

图 4 – 1 – 14　幻灯片效果

任务 3　添加项目符号与编号

活动 1　设置段落样式

设置段落格式包括对对齐方式、缩进、间距与行距等方面的设置。段落对齐方式包括左对齐、右对齐、居中对齐、两端对齐和分散对齐等。在"大学生交通安全知识讲座"PPT

文稿中，将标题设置为居中对齐，正文内容设置为左对齐。

1. 设置标题居中对齐

切换到第 2 张幻灯片，选择标题所在的文本框后，在"段落"选项组中单击"居中对齐"按钮。

2. 设置正文内容左对齐

选择正文内容后，右击，在弹出的快捷菜单中选择"段落"菜单命令，弹出"段落"对话框，在其中设置段落对齐方式为"左对齐"，如图 4 – 1 – 15 所示。

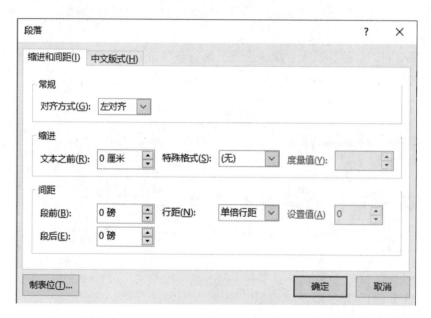

图 4 – 1 – 15 "段落"对话框

-⌒小提示：⌒⌒⌒⌒⌒⌒⌒⌒⌒⌒⌒⌒⌒⌒⌒⌒⌒⌒⌒⌒⌒⌒⌒⌒⌒⌒⌒⌒⌒⌒

使文本左对齐的快捷键为"Ctrl + L"；居中对齐的快捷键为"Ctrl + E"；右对齐的快捷键为"Ctrl + R"。

活动 2　设置文本段落缩进

段落缩进指的是段落中的行相对于页面左边界和右边界的位置。段落缩进方式主要包括左缩进、右缩进、悬挂缩进和首行缩进等。悬挂缩进是指段落首行的左边界不变，其他各行的左边界相对于页面左边界向右缩进一段距离。首行缩进是指将段落的第一行从左向右缩进一定的距离，首行外的各行都保持不变。

1. 设置段落缩进

将光标定位在第 1 段文字处，单击鼠标右键，在弹出的快捷菜单中选择"段落"菜单命令，弹出"段落"对话框，设置段落缩进为"1 厘米"。用同样的方法设置其他段落缩进为"1 厘米"，如图 4 – 1 – 16 所示。

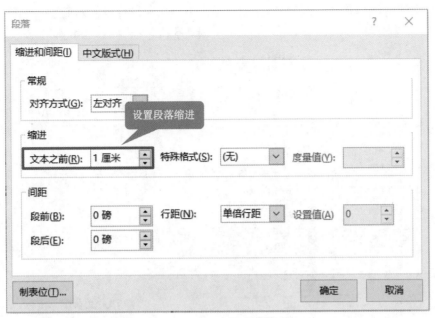

图 4 - 1 - 16　设置段落缩进

2. 设置其他内容的段落样式

选择第 2 ~ 6 行文本，使用同样的方法将其段落缩进设置为文本之前"2 厘米"，如图 4 - 1 - 17 所示。

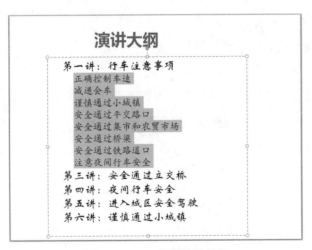

图 4 - 1 - 17　段落缩进效果

活动 3　添加项目符号或者编号

项目符号或者编号是放在文本前的点或者其他符号，起到强调作用。合理使用项目符号和编号可以使文档的层次结构更加清晰，更有条理。

1. 为文本添加项目符号或者编号

在第 2 张幻灯片中按住"Ctrl"键，选择要添加项目符号的文本，单击"开始"选项卡

"段落"组中的"项目符号"按钮 ▤ ，即可将文本添加项目符号，如图 4 – 1 – 18 所示。

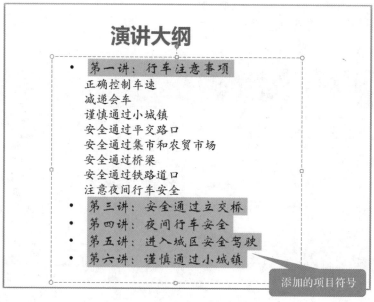

图 4 – 1 – 18   添加项目符号效果

小提示：

单击"开始"选项卡"段落"组中的"编号"按钮 ▤ ，即可为文本添加编号。

2. 更改项目符号或者编号的外观

（1）选择已添加项目符号或者编号的文本

这里选择添加项目编号的文本，如图 4 – 1 – 19 所示。

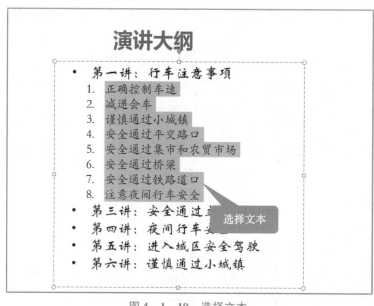

图 4 – 1 – 19   选择文本

（2）更改项目编号

单击"开始"选项卡"段落"组中的"项目编号"下拉按钮，在出现的下拉列表中选择需要的项目符号，即可更改项目符号的外观，如图 4 – 1 – 20 所示。

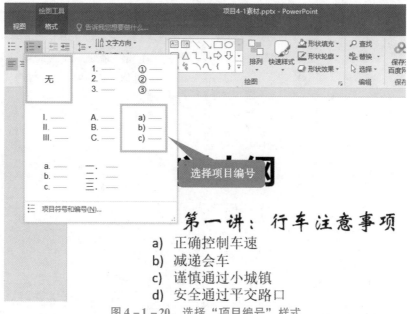

图 4 – 1 – 20　选择"项目编号"样式

（3）选择要更改的项目符号的文本

按住"Ctrl"键，选择要更改项目符号的文本，如图 4 – 1 – 21 所示。

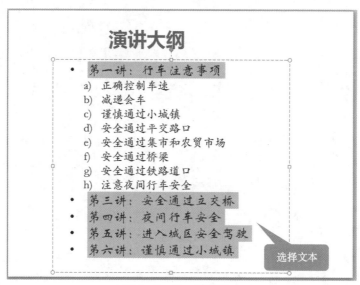

图 4 – 1 – 21　选择文本

（4）更改项目符号

单击"开始"选项卡"段落"组中的"项目符号"下拉按钮，在出现的下拉列表中选择需要的项目符号即可更改项目符号的外观，如图 4 – 1 – 22 所示。

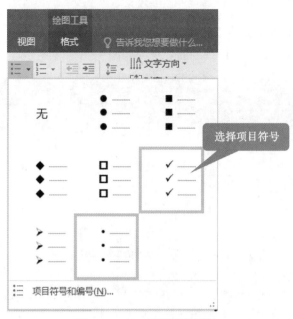

图 4 – 1 – 22　更改项目符号

（5）调用项目符号和编号的对话框

单击下拉列表中的"项目符号和编号"选项，弹出"项目符号和编号"对话框，如图 4 – 1 – 23 所示。

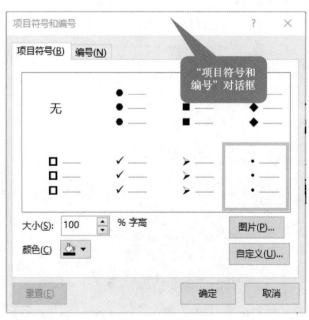

图 4 – 1 – 23　"项目符号和编号"对话框

（6）自定义项目符号

单击"自定义"按钮，在弹出的"符号"对话框中可以设置新的图片为项目符号的新外观。选择一个符号后单击"确定"按钮，如图 4 – 1 – 24 所示。

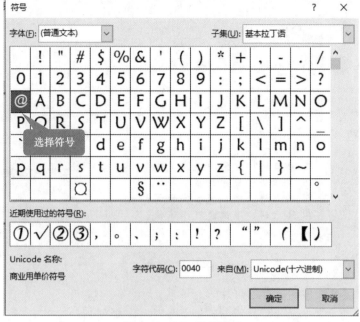

图 4 - 1 - 24　选择符号

（7）返回"项目符号和编号"对话框

返回"项目符号和编号"对话框，可以看到当前使用的项目符号已经发生变化，如图 4 - 1 - 25 所示。

图 4 - 1 - 25　添加项目符号

（8）在幻灯片中查看效果

单击"确定"按钮，关闭"项目符号和编号"对话框，返回幻灯片中查看设置后的项目符号，如图 4 - 1 - 26 所示。

图 4 - 1 - 26 幻灯片效果

最后单击"保存"按钮保存幻灯片。

【项目拓展】

如何减少文本框的边空？

在幻灯片文本框中输入文字时，文字离文本框上下左右的边空是默认设置的，可以通过减少文本框的边空来获得更大的设计空间。

1. 选择"设置形状格式"命令

选中要减少边框的文本框，右击文本框边框，在弹出的快捷菜单中选择"设置形状格式"命令，如图 4 - 1 - 27 所示。

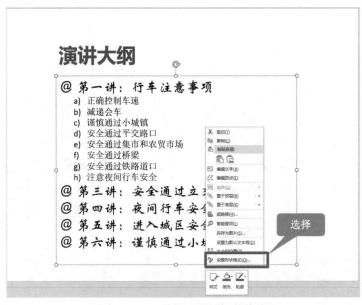

图 4 - 1 - 27 选择"设置形状格式"

2. 选择"文本框"选项

在弹出的"设置形状格式"对话框中，选中左侧的"文本框"选项。

3. 调整内部边距

在内部边距区域的"左边距""右边距""上边距"和"下边距"文本框中，将数值重新设置为"0厘米"，如图4-1-28所示。

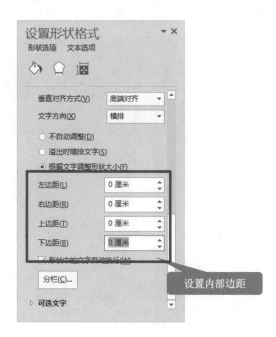

图4-1-28 设置内部边距

4. 查看效果

单击"关闭"按钮即可完成文本框边框的设置，最终效果如图4-1-29所示。

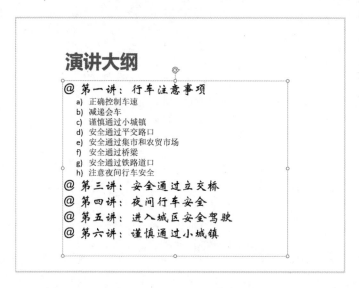

图4-1-29 幻灯片效果

练一练

1. 在制作演示文稿的过程中，会根据每张幻灯片中所需放置的内容来选择幻灯片的版式，那么如何对现有幻灯片的版式进行更改呢？

2. 在制作演示文稿的过程中，有时会根据需要打开多个演示文稿，那么如何能一次打开多个演示文稿呢？

项目二

公司宣传PPT的制作分析

【项目介绍】

现代企业经常需要自主投资制作文字、图片、动画宣传片、宣传画和宣传书等，以介绍自有业务、产品、企业规模及人文历史，用于提高企业知名度。制作宣传片的目的是推广自己，制作完成之后，可以在电视上播放，还可以参加展会，刻在光盘里，方便客户直接了解自己的公司或者产品；在网络上放上自己公司的宣传片，也方便别人搜索到自己，一目了然。在 PowerPoint 2016 中使用表格和图片及插入剪贴画、屏幕截图等功能，可以制作出更出色、漂亮的演示文稿，并且可以提高工作效率。接下来看一下"公司宣传.pptx"的制作方式。

【学习目标】

1. 熟悉使用艺术字和表格的方法。
2. 掌握使用图片的方法。
3. 熟悉插入剪贴画的方法。

公司宣传 PPT
的制作分析

【素质目标】

1. 具备计算机专业的基本职业道德，虚心学习，勤奋工作。
2. 通过掌握 PPT 制作的艺术，体验 PPT 制作中的奥秘，形成认真学习的意识。
3. 熟悉 PPT 制作的插入艺术字、图片等操作，养成良好的习惯，能及时、高效地进行 PPT 的设计任务。

任务1　使用艺术字输入标题

利用 PowerPoint 2016 中的艺术字功能插入装饰文字，不仅可以创建带阴影的、扭曲的、旋转的和拉伸的艺术字，还可以按预定义的形状创建文字。

活动1　插入艺术字

向 PPT 中插入艺术字，可以使演示文稿更具有艺术性。

1. 应用主题样式

打开 PowerPoint 2016 应用软件，系统自动生成一个新工作簿，将其保存为"公司宣传. pptx"。单击"设计"选项卡下"主题"选项组右侧的下拉按钮，在弹出的主题样式中选择"平面样式"，如图 4 – 2 – 1 所示。

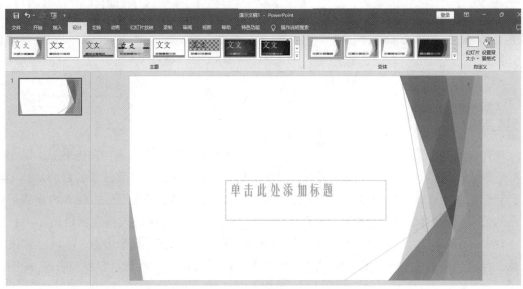

图 4 – 2 – 1　主题样式列表

2. 选择的艺术字样式

删除文本占位符后，在功能区单击"插入"选项卡"文本"选项组中的"艺术字"按钮，在出现的"艺术字"下拉列表中选择如图 4 – 2 – 2 所示的"图案填充 – 金色，个性色 3，窄横线，内部阴影"选项。

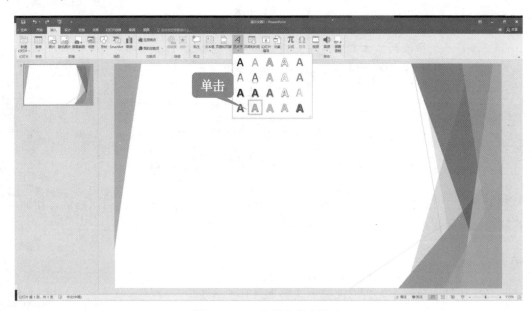

图 4 – 2 – 2　选择艺术字样式

3. 输入标题内容

在"请在此处放置您的文字"处单击，输入标题"苹果公司产品宣传"，然后调整文本框的位置和大小，输入副标题内容"主讲人：乔布斯"，设置字体样式为"宋体"，大小为"32"，加粗，文字阴影，字体颜色为"黑色"，"居中"显示，效果如图 4－2－3 所示。

图 4－2－3　幻灯片效果

> **小提示：**
>
> 插入的艺术字仅仅具有一些美化的效果，如果要设置更为艺术的字体，则需要更改艺术字的效果。选择艺术字后，在弹出的"绘图工具"→"格式"选项卡下选择"艺术字样式"组中的任一选项，即可完成艺术字样式的更改。

活动 2　更改艺术字样式

1. 选择形状样式

选中艺术字，单击"绘图工具"→"格式"选项卡，在"形状样式"组中单击"其他"按钮，在出现的下拉列表中选择"细微效果－金色，强调颜色 3"形状样式，如图 4－2－4 所示。

2. 设置形状效果

单击"形状样式"选项组中的"形状效果"按钮，在出现的下拉列表中选择"发光"列表中的"发光：11 磅；红色，主题色 5"，如图 4－2－5 所示。

> **小提示：**
>
> 在"形状样式"选项组中还可以设置"形状填充"和"形状轮廓"。

图 4 – 2 – 4　选择形状样式

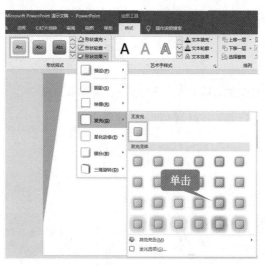

图 4 – 2 – 5　设置形状效果

任务 2　制作第二张幻灯片

公司概况内容是公司宣传 PPT 中很重要的一项，是对公司的整体介绍和说明。

活动 1　新建幻灯片，输入标题和内容

新建样式为"标题和内容"的幻灯片，在第一个"单击此处添加标题"处输入"公司概括"，字体样式为"华文琥珀"，字体大小为"54"，字体颜色为"蓝－灰，文字 2，淡色 40％"。在第二个"单击此处添加文本"处输入素材中公司概括内容，并设置字体样式为"方正姚体"，字体大小为"24"，字体颜色为"黑色"。为段落添加自定义的项目符号，效果如图 4－2－6 所示。

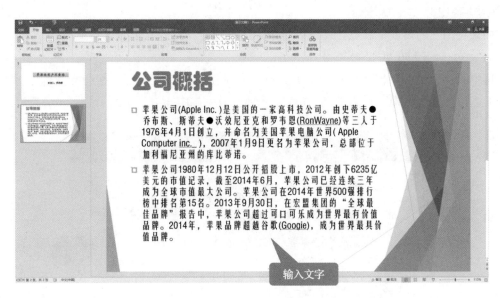

图 4－2－6　设置样式

活动 2　图片设置

在制作幻灯片时，适当插入一些图片可达到图文并茂的效果。

1. 插入图片

新建一张幻灯片，将文本占位符删除，然后单击"插入"选项卡下"插图"选项组中的"图片"按钮，弹出"插入图片"对话框，在"查找范围"中，选择素材中的"图片背景 . jpg"，并单击"插入"按钮。

2. 调整图片大小

插入图片的大小可以根据当前幻灯片的情况进行调整，在结束幻灯片中插入图片后，发现图片并没有充满整个幻灯片，这时就可以对其进行调整。

（1）拖动控制点调整图片大小

选中插入的图片，将鼠标指针移至图片四周尺寸控制点上，按住鼠标左键拖曳，就可以更改图片的大小。

（2）多次调整使图片适合幻灯片

用鼠标选中图片后，按住鼠标将其拖到合适的位置，调整图片的大小，最后使其充满整个幻灯片。

3. 裁剪图片

调整图片的大小之后，发现图片长宽比例与幻灯片比例不同，为了不使图片变形，可以

对图片进行裁剪

①选中图片，然后在"图片工具－格式"选项卡"大小"组中单击"裁剪"按钮 。

②图片四周出现控制点，向内拖动左侧、右侧的中心裁剪控制点，裁剪图片大小。裁剪后在幻灯片空白处单击，退出裁剪操作，然后调整图片位置即可。

4. 旋转图片

如果对图片的角度不满意，还可以对图片进行旋转，具体方法如下。

（1）向右旋转90度

选中图片，单击"格式"选项卡下"排列"选项组中的"旋转"按钮 ，然后在出现的下拉列表中选择"向右旋转90度"选项，效果如图4-2-7所示。

图4-2-7 旋转图片

（2）再次向右旋转90度

在旋转下拉列表中选择"其他旋转选项"选项，弹出"大小和位置"对话框，在"尺寸和旋转"区域的"旋转"微调框中，将90度改为180度，然后单击"关闭"按钮，图片会再次向右旋转90度。

5. 为图片设置样式

图片样式包括阴影、发光、映像、柔化边缘、凹凸和三维旋转等效果，用户可以为图片设置样式，改变图片的亮度对比度和模糊等。

（1）选择图片样式

选择图片后，单击"图片工具－格式"选项卡"图片样式"组中左侧的"其他"按钮，在弹出的菜单栏中选择"金属框架"图片样式，如图4-2-8所示。

选择图片样式

图 4 – 2 – 8　选择图片样式

（2）设置图片效果

单击"图片工具 – 格式"选项卡"图片效果"下拉按钮，在弹出的菜单列表中选择"棱台"组中的"圆"图片效果，如图 4 – 2 – 9 所示。

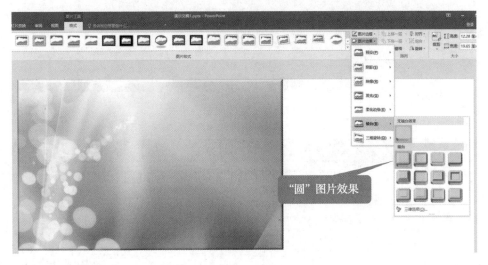

"圆"图片效果

图 4 – 2 – 9　"圆"图片效果

6. 为图片设置颜色效果

通过调整图片的颜色浓度（饱和度）和色调（色温），可以对图片重新着色或者更改颜色的透明度，也可以将图片应用多个颜色效果。

（1）调整颜色饱和度

选择图片后，单击"图片工具 – 格式"选项卡"调整"组中的"颜色"下拉按钮，在弹出的菜单中选择"颜色饱和度"区域的"饱和度：400%"选项，如图 4 – 2 – 10 所示。

（2）选择着色效果

单击"图片工具 – 格式"选项卡"调整"组中的"颜色"下拉按钮，在弹出的菜单列表中选择"色调"组中的"色温：4 700 K"选项，如图 4 – 2 – 11 所示。

7. 为图片添加艺术效果

在幻灯片中可以为图片添加艺术效果，使图片看上去更像草图、绘图和绘画。图片只能应用一种艺术效果，因此，现有的艺术效果将会被新应用所代替。

图 4 - 2 - 10　选择颜色饱和度

图 4 - 2 - 11　选择色温

（1）"艺术效果"列表

单击"图片工具 - 格式"选项卡"调整"选项组中的"艺术效果"下拉按钮，即可弹出系统提供的艺术效果列表选项。在列表中选择一种艺术效果单击，即可将其应用到当前的图片上，这里选择艺术效果为"虚化"，如图 4 - 2 - 12 所示。

图 4 – 2 – 12　"艺术效果"列表

（2）查看设置效果

此时即可看到幻灯片应用了新的艺术效果，如图 4 – 2 – 13 所示。

图 4 – 2 – 13　幻灯片效果

任务 3　插入形状

剪贴画同样可以使幻灯片增色，而插入剪贴画也是幻灯片中常用的操作之一。

活动 1　使用形状

在幻灯片中添加一个形状或者合并多个形状，可以生成一个绘图或一个更为复杂的形状。添加一个或多个形状后，还可以在其中添加文字、项目符号、编号和快速样式等内容。

1. 绘制形状

在幻灯片中，单击"开始"选项卡"绘图"组中的"形状"按钮，可以弹出"形状"下拉列表，在其中选择要使用的形状后单击即可。

（1）选择形状样式

单击"开始"选项卡"绘图"组中的"形状"按钮，在弹出的菜单中选择"圆角矩形"选项。

（2）绘制形状

此时鼠标指针在幻灯片中的形状显示为"＋"，在幻灯片空白位置处单击，按住鼠标左键不放并拖动到适当位置处释放鼠标，重复操作绘制其他形状，如图 4 - 2 - 14 所示。

图 4 - 2 - 14　绘制形状

2. 排列形状

在幻灯片中插入形状之后，还可以对形状进行调整，包括调整形状大小和位置。选择图形后，拖动鼠标适当调整图形的位置，调整后效果如图 4 - 2 - 15 所示。

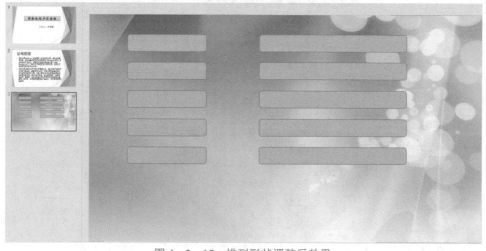

图 4 - 2 - 15　排列形状调整后效果

小提示：

在调整图形时，也可以使用"绘图工具"选项卡下"排列"组合中的各项命令选项，包括上移一层、下移一层、左对齐、右对齐、横向分布、纵向分布等。

3. 组合形状

在同一张幻灯片中插入多个形状时，可以组合为一个形状。

（1）选择"组合"菜单命令

按住"Ctrl"键不松开，依次选择形状，右击，在弹出的快捷菜单中选择"组合"→"组合"菜单命令。

（2）组合形状

如图 4 - 2 - 16 所示，所选中图形组合成一个形状。

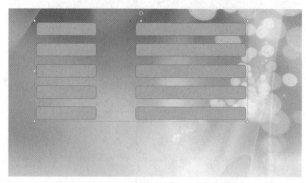

图 4 - 2 - 16　幻灯片组合形状效果

4. 设置形状样式

设置形状的样式主要包括设置填充形状的颜色、填充形状轮廓的颜色和形状的效果等。

（1）设置形状样式

选择第 2 列第 1 个矩形后，单击"绘图工具"→"格式"选项卡，在"形状样式"组中单击"其他"按钮 ，在出现的下拉列表中选择"彩色填充 – 橙色，强调颜色 4"形状样式即可，如图 4 - 2 - 17 所示。

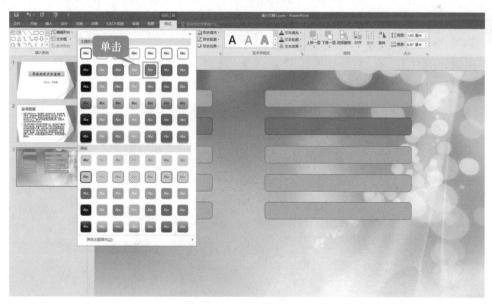

图 4 - 2 - 17　设置形状样式

（2）设置其他的形状样式

依次为其他形状选择形状样式："细微效果 – 橙色，强调颜色 4""彩色填充 – 褐色，强调颜色 6""细微效果 – 褐色，强调颜色 6"，效果如图 4 – 2 – 18 所示。

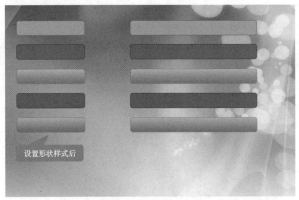

图 4 – 2 – 18　幻灯片效果

> **小提示：**
>
> 　　如果系统提供的形状样式不能满足用户的需求，用户可以在"图片工具 – 格式"选项卡"形状样式"组的"形状填充""形状轮廓"和"形状效果"选项中自定义形状样式。

活动 2　在形状中添加文字

插入形状后，在形状中还可以插入文字。

1. 选择"组合"菜单命令

选择第 1 个矩形，右击，在弹出的快捷菜单中选择"编辑文字"菜单命令，在形状中输入文本内容。

2. 组合形状

使用同样的方法，依次为其他形状输入文字，并设置文本样式为"宋体、18 号，居中"，设置后如图 4 – 2 – 19 所示。

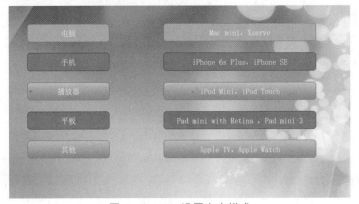

图 4 – 2 – 19　设置文本样式

SmartArt 图形是一系列已经成型的表示某种关系的逻辑图、组织结构图，可以表示并列推理递进、发展演变及对比等关系。

活动 3　了解 SmartArt 图形

SmartArt 图形是信息和观点的视觉表示形式。可以通过多种不同布局选择来创建 SmartArt 图形，从而快速、轻松和有效地传达信息。使用 SmartArt 图形，只需单击几下鼠标，就可以创建具有设计师水准的插图。PowerPoint 演示文稿通常包含带有项目符号列表的幻灯片。使用 PowerPoint 时，可以将幻灯片文本转换为 SmartArt 图形。此外，还可以向 SmartArt 添加动画。

活动 4　创建组织结构图

组织结构图是以图形方式表示组织的管理结构，如公司内部的部门经理和非管理层员工，在 PowerPoint 中，通过使用 SmartArt 图形，可以创建组织结构图并将其包括在演示文稿中。

1. 插入层次结构图

添加一张空白幻灯片，单击"插入"选项卡"插入"选项组中的"SmartArt"选项，弹出"选择 SmartArt 图形"对话框，如图 4 – 2 – 20 所示。在左侧列表中选择"层次结构"选项，然后在中间列表中选择一种组织结构图，最后单击"确定"按钮。

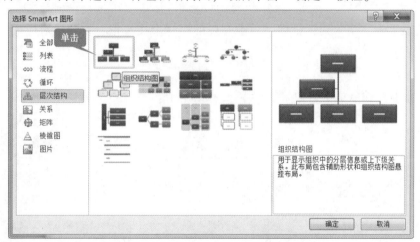

图 4 – 2 – 20　"选择 SmartArt 图形"对话框

2. 查看效果

插入层次结构，如图 4 – 2 – 21 所示。

活动 5　添加与删除形状

插入的 SmartArt 图形一般都是固定的形状，可能不符合要求，可以改变它的形状。

1. 添加形状

单击第 3 排第 1 个形状，右击，选择"添加形状"→"在下方添加形状"菜单命令，即可在形状下方添加形状。

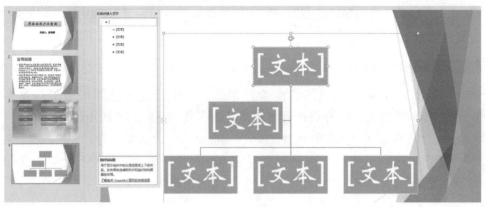

图 4 - 2 - 21　插入的 SmartArt

2. 删除形状

将光标移至第 3 排第 3 个形状上，当光标变成十字箭头时，单击鼠标左键选中形状，然后按"Backspace"键将其删除。

活动 6　设置 SmartArt 图形

插入的 SmartArt 图形整体设置完成后，为 SmartArt 图形编辑文字。

1. 输入文字

在"此处键入文字"对话框中，单击左侧的第一个文本框，右侧所对应的形状将会被选中，输入"首席执行官"。

2. 查看效果

在其他形状中输入文字，效果如图 4 - 2 - 22 所示。

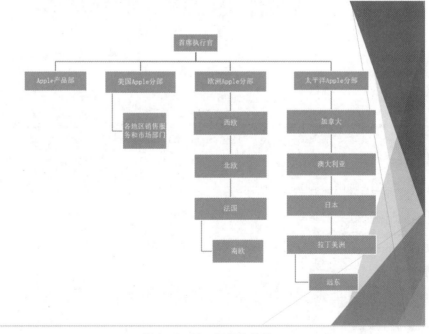

图 4 - 2 - 22　幻灯片效果

任务5 使用表格

在"公司宣传"演示文稿中，可以通过表格展示公司经营情况的对比。

活动1 了解图表

与文字数据相比，形象直观的图表更容易让人理解，在幻灯片中插入图表可以使其显示效果更加清晰。在 PowerPoint 2016 中，可以插入幻灯片中的图表包括柱形图、折线图、饼图、条形图、面积图、XY（散点图）、股价图，曲面图、圆环图、气泡图和雷达图。从"插入图表"对话框中可以了解图表的分类情况，如图 4-2-23 所示。

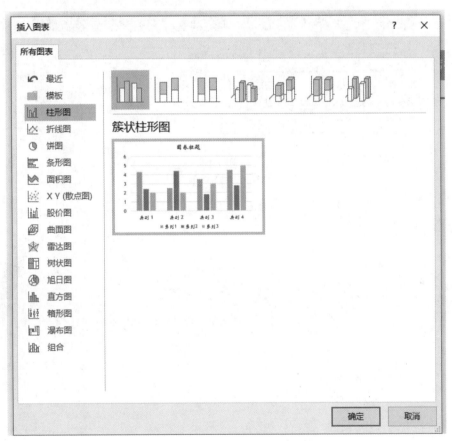

图 4-2-23 "插入图表"对话框

活动2 插入图表

柱形图是用于显示数据趋势以及比较相关数据的一种图表，经常用于表示以行和列排列的数据，对于显示随时间变化的趋势很有用。最常用的布局是将信息类型放在横坐标轴上，将数值项放在纵坐标轴上。

1. 新建幻灯片

新建"标题和内容"幻灯片，在新建的幻灯片中"单击此处添加标题"位置处单击，然后输入幻灯片标题"最新公司状况"。

2. 插入图表

删除"单击此处添加文本"文本占位符，单击"插入"选项卡"插图"组中的"图表"按钮，在弹出的"插入图表"对话框中选择"柱形图"中的"簇状柱形图"，然后单击"确定"按钮。

3. 在表格中输入数据

弹出"Microsoft PowerPoint 中的图表"窗口，在表格中更改数据，这里使用素材中的"苹果公司数据.xlsx"，如图 4 - 2 - 24 所示，然后关闭窗口。

	A	B	C	D	E	F	G	H	I
1	按区域分（金额百万美金）	2012年	YOY同比	2011年	YOY同比2	2010年			
2	美国	57512	50%	38315	56%	24498			
3	欧洲	36323	31%	27778	49%	18692			
4	日本	10571	94%	5437	37%	3981			
5	亚太	33274	47%	22592	174%	8256			
6	零售	18828	33%	14127	44%	9798			
7	合计	156508	45%	108249	66%	65225			
8									

图 4 - 2 - 24　输入数据

4. 查看效果

最终效果如图 4 - 2 - 25 所示。

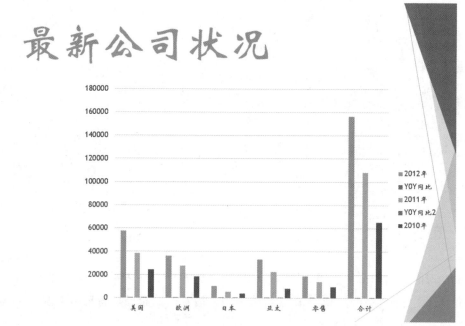

图 4 - 2 - 25　幻灯片效果

活动3　使用其他图表

如果对幻灯片中插入的图表不满意，还可以更改为其他图表。

1. 选择"更改图表类型"选项

选中图表，单击鼠标右键，在弹出的快捷菜单中选择"更改图表类型"选项，如图 4 – 2 – 26 所示。

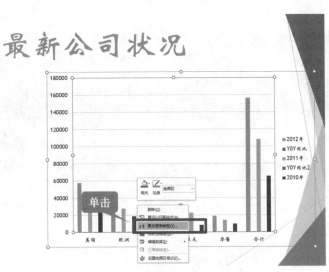

图 4 – 2 – 26　更改图表类型

2. 输入表的内容

在弹出的"更改图表类型"对话框中选择"柱形图"中的"堆积柱形图"，单击"确定"按钮即可，如图 4 – 2 – 27 所示。

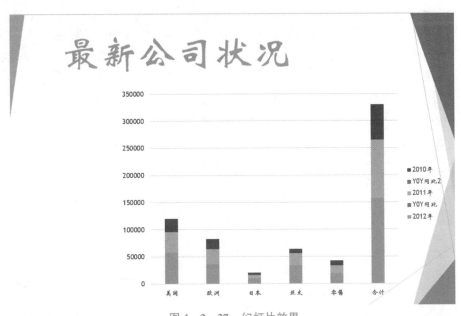

图 4 – 2 – 27　幻灯片效果

【项目拓展】

如何用动画展示 PPT 图表？

PowerPoint 中的图表是一个完整的图形，那么如何将图表中的各个部分分别用动画展示出来呢？其实，只需在图表边框处单击鼠标右键，在弹出的快捷菜单中选择"组合"菜单命令中的"取消组合"子命令，即可将图表拆分开，如图 4 - 2 - 28 所示。之后就可以对图表中的各个部分分别设置动画动作了。

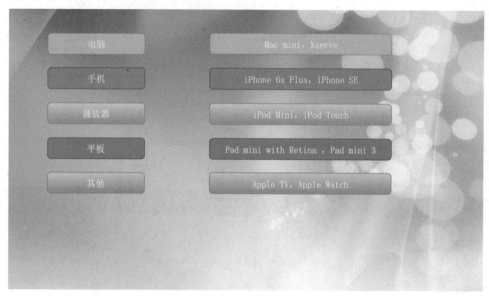

图 4 - 2 - 28　取消组合

练一练

1. 制作图片型幻灯片时，经常需要添加大量的图片素材，使用"插入图片"对话框选择一张图片后进行插入，如果选择多张图片后插入，则会重叠在一起，那么怎样才能有效地批量添加图片呢？

2. 为图片设置各种效果后，却发现设置的效果不尽如人意，而演示文稿已经保存，无法再撤销操作，这时还可以将图片恢复为原始状态重新设置吗？

3. 在演示文稿中创建了 SmartArt 图形，并对其进行编辑和美化后，发现 SmartArt 图形效果并不理想，想要取消之前的设置，重新进行编辑和美化，如何才能让 SmartArt 图形回到设置前的效果呢？

项目三

制作行销企划案

【项目介绍】

在演示文稿中添加适当的动画，可以使演示文稿的播放效果更加生动，在制作 PPT 时，通过使用动画效果可以大大提高 PPT 的表现力，在动画展示的过程中可以起到画龙点睛的作用。这就是学习本项目的主要目的。

【学习目标】

1. 学习创建动画。
2. 学习设置动画。
3. 学习测试动画。
4. 学习复制动画效果。

制作行销企划案

【素质目标】

1. 具备计算机专业的基本职业道德，虚心学习，勤奋工作。
2. 通过掌握 PPT 制作的艺术，体验 PPT 制作中的奥秘，形成认真学习的意识。
3. 熟悉 PPT 的动画操作，养成良好的习惯，能及时、高效地处理 PPT 的设计任务。

任务1 为幻灯片创建动画

使用动画可以让观众将注意力集中在要点和信息流上，还可以提高观众对演示文稿的兴趣。可以将动画效果应用于个别幻灯片上的文本或对象、幻灯片母版上的文本或对象，或者自定义幻灯片版式上的占位符。

活动1 创建进入动画

可以为对象创建进入动画，例如，使对象逐渐淡入焦点，从边缘飞入幻灯片或者跳入视图中。打开素材文件"项目4-3素材.pptx"。

1. 动画列表

选择幻灯片中要创建进入动画效果的文字，单击"动画"选项卡"动画"组中的"其他"按钮，出现动画下拉列表，如图4-3-1所示。

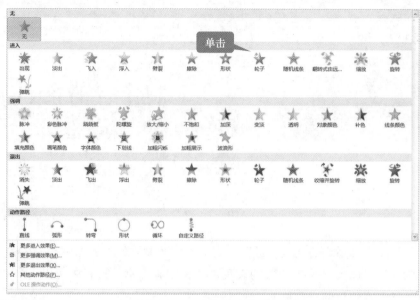

图 4 - 3 - 1　打开动画列表

2. 创建进入动画

在下拉列表的"进入"区域中选择"轮子"选项，创建进入动画效果。

3. 动画编号标记

添加动画效果后，文字对象前面将显示一个动画编号标记 ❶。创建动画后，幻灯片中的动画编号标记在打印时不会被打印出来。

活动2　创建强调动画

可以为对象创建强调动画，效果示例包括使对象缩小和放大、更改颜色或沿着其中心旋转等。

1. 选择要设置强调动画的文字

选择幻灯片中要创建强调动画效果的文本框"——××公司管理软件"。

2. 添加强调动画

单击"动画"选项卡"动画"组中的"其他"按钮，在弹出的下拉列表的"强调"区域中选择"波浪形"选项，即可添加动画。

活动3　创建路径动画

可以为对象创建动作路径动画，使用这些效果可以使对象上下、左右移动或者沿着星形、圆形图案移动。

1. 添加路径动画

选择第2张幻灯片，选择幻灯片中要创建路径动画效果的对象，单击"动画"选项卡"动画"组中的"其他"按钮 ，在出现的下拉列表的"动作路径"区域中选择"形状"选项，如图4 - 3 - 2所示。

图 4 - 3 - 2　添加路径动画

2. 查看结果

单击后即可为对象创建"形状"效果的路径动画效果，如图 4 - 3 - 3 所示。

图 4 - 3 - 3　路径动画效果

3. 单击"自定义路径"按钮

选择第 3 张幻灯片，选择要自定义路径的文本，然后在动画列表的"路径"组中单击"自定义路径"按钮。

4. 设置路径

此时，光标变成"十"字形，在幻灯片上绘制出动画路径后按"Enter"键即可，如图 4 - 3 - 4 所示。

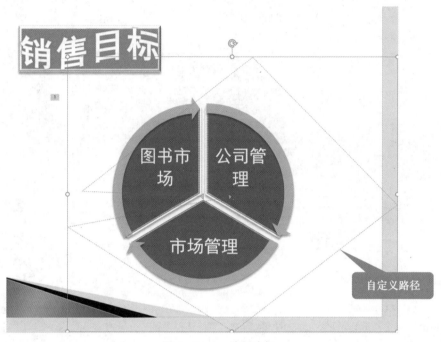

图 4 - 3 - 4　绘制路径

活动 4　创建退出动画

可以为对象创建退出动画，这些效果包括使对象飞出幻灯片、从视图中消失或者从幻灯片旋出等。

1. 选择设置动画的对象

切换到第 4 张幻灯片，选择"谢谢观赏"文本对象。

2. 选择退出动画

单击"动画"选项卡"动画"组中的"其他"按钮，在弹出的下拉列表的"退出"区域选择"轮子"选项，即可为对象创建"轮子"动画效果。

任务 2　设置动画

"动画窗格"显示了有关动画效果的重要信息，如效果的类型、多个动画效果之间的相对顺序、受影响对象的名称以及效果的持续时间等。

活动1　查看动画列表

单击"动画"选项卡"高级动画"组中的"动画窗格"按钮，可以在"动画窗格"中查看幻灯片上所有动画列表，如图4-3-5所示。

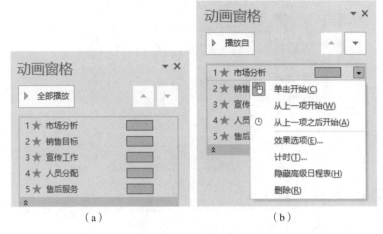

（a）　　　　　　　　　　　（b）

图4-3-5　动画窗格

"动画列表"中各选项的含义如下：

- 编号：表示动画效果的播放顺序，编号与幻灯片上显示不可打印的编号标记是对应的。

- 时间线：代表效果的持续时间。

- 图标：代表动画效果的类型。图4-3-5（a）中 ★ 代表的是"飞入"效果。

- 菜单图标：选择列表中的项目后，会看到相应的菜单图标（向下箭头）▼，单击该图标即可弹出如图4-3-5（b）所示的下拉菜单。

活动2　调整动画顺序

在放映过程中也可以对幻灯片播放的顺序进行调整。

1. "动画窗格"窗口

选择第2张幻灯片，单击"动画"选项卡"高级动画"组中的"动画窗格"按钮，弹出"动画窗格"窗口。

2. 调整动画顺序

选择"动画窗格"窗口中需要调整顺序的动画，如选择动画2，然后单击"动画窗格"中命令左侧或右侧的向上按钮▲或向下按钮▼调整动画顺序，如图4-3-6所示。

除了使用"动画窗格"调整动画顺序外，也可以使用"动画"选项卡调整动画顺序。

3. "对动画重新排序"区域

选择第1张幻灯片，并选中标题动画，单击"动画"选项卡"计时"组中"对动画重新排序"区域的"向后移动"按钮，如图4-3-7所示，即可将此动画顺序向前移动一个次序。

图 4 - 3 - 6　调整动画顺序

图 4 - 3 - 7　对第 1 张幻灯片重新排序

4. 查看排序后效果

在"幻灯片"窗格中可以看到此动画前面的编号 ② 和上面的编号 ① 发生改变。

活动 3　设置动画时间

创建动画之后,可以在"动画"选项卡中为动画指定开始、持续时间或者延迟计时。

1. 为动画设置开始计时

选择第 2 张幻灯片中的弧形动画,在"计时"组中,单击"开始"菜单右侧的下拉箭

头 ，然后从弹出的下拉列表中选择所需的计时时间，如图4－3－8所示。

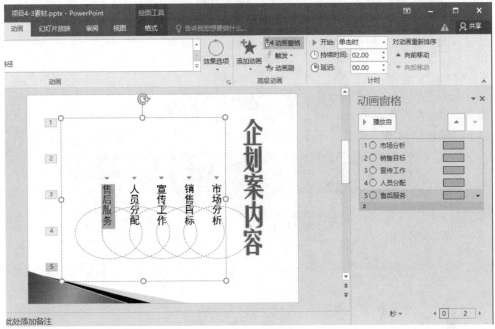

图4－3－8　计时设置1

2. 为动画设置运行持续时间

在"计时"组中的"持续时间"文本框中输入所需的秒数，或者单击"持续时间"文本框后面的微调按钮·来调整动画运行的持续时间，这里为"02.00"，如图4－3－9所示。

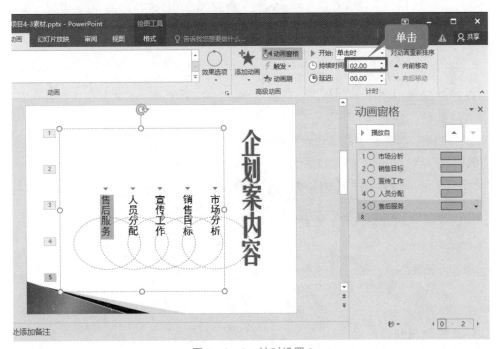

图4－3－9　计时设置2

任务3 触发动画

触发动画设置动画的特殊开始条件。

活动1 "触发"按钮

选择结束幻灯片的动画，单击"动画"选项卡"高级动画"组中的"触发"按钮，在出现的下拉菜单中选择"单击"子菜单中的"竖排标题1"选项，如图4-3-10所示。

图4-3-10 选择"竖排标题1"

活动2 触发动画

创建触发动画后的动画编号变为 图标，在放映幻灯片时，单击设置过动画的对象后，即可显示动画效果。

任务4 有关动画的设置

活动1 复制动画效果

在PowerPoint 2016中，可以使用动画刷复制一个对象的动画，并将其应用到另一个对象。

1. "动画刷"按钮

单击"动画"选项卡"高级动画"组中的"动画刷"按钮，此时幻灯片中的鼠标指针变为动画刷的形状，如图4-3-11所示。

图4-3-11 "动画刷"按钮

2. 单击要复制动画的对象

在幻灯片中，用动画刷单击要复制动画的对象，即可复制动画效果，如图4-3-12所示。

图 4 – 3 – 12　复制动画

活动 2　测试动画

为文字或图形对象添加动画效果后，可以单击"动画"选项卡"预览"组中的"预览"按钮，验证它们是否起作用。单击"预览"下方的下拉按钮，弹出下拉列表，包括"预览"和"自动预览"两个选项。勾选"自动预览"复选框后，每次为对象创建完动画，即可自动在"幻灯片"窗格中预览动画效果，如图 4 – 3 – 13 所示。

图 4 – 3 – 13　幻灯片效果

活动3 移除动画

为对象创建动画效果后，也可以根据需要移除动画。移除动画的方法有以下两种。

1. 使用"动画"选项卡

单击"动画"选项卡中"动画"组的"其他"按钮 ▾，在出现的下拉列表的"无"区域中选择"无"选项，如图4－3－14所示。

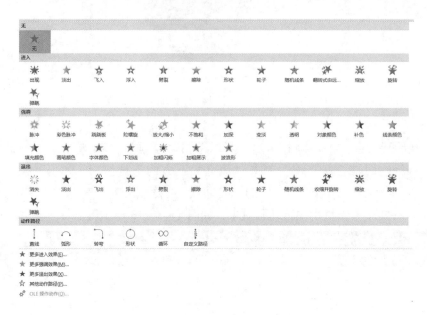

图4－3－14 使用"动画"选项卡

2. 使用"动画窗格"

单击"动画"选项卡"高级动画"组中的"动画窗格"按钮，在弹出的"动画窗格"对话框中选择要移除的动画选项，然后单击菜单图标（向下箭头）▾，在弹出的下拉列表中选择"删除"选项即可，如图4－3－15所示。

图4－3－15 使用"动画窗格"删除选项

任务5 为幻灯片添加切换效果

幻灯片切换效果是指在幻灯片演示期间，从一张幻灯片移到下一张幻灯片时，"幻灯片放映"视图中出现的动画效果。

活动1 添加切换效果

幻灯片切换时，产生的类似于动画的效果，可以使幻灯片在放映时更加生动形象。具体的操作步骤如下。

1. 打开素材

选择要添加切换效果的幻灯片，单击"转换"选项右下侧的"其他"按钮，这里选择文件中的第1张幻灯片。

2. 添加效果

在弹出的下拉列表中选择"百叶窗"切换效果，设置完毕后，可以预览该效果，如图4-3-16所示。

图4-3-16 添加"百叶窗"效果

活动2 设置切换效果

为幻灯片添加切换效果后，如果对之前的效果不是很满意，也可以进行设置，更改效果。

1. 幻灯片之前的效果

上述幻灯片中，选择要切换效果的幻灯片，单击"转换"选项卡右下侧"其他"按钮，可以看到此幻灯片的切换效果为"百叶窗"。

2. 更改效果

单击所需要的切换效果，则会自动更新所设置的切换效果，这里以"旋转"为例。更改完成，可以预览效果，如图4-3-17所示。

3. 单击"效果选项"按钮

单击"切换"选项卡"效果选项"按钮，如图4-3-18所示。

4. 设置切换效果的属性

选择切换效果选项为"水平"，如图4-3-19所示。

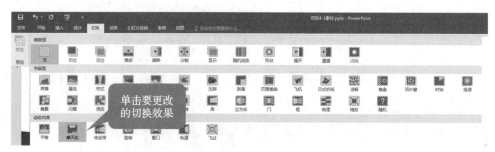

图4-3-17 更改效果

图4-3-18 "效果选项"按钮

图4-3-19 切换效果的属性为水平

活动3 添加切换方式

设置幻灯片的切换方式,可以在放映演示文稿时按照设置的方式进行切换。切换演示文稿中的幻灯片包括"单击鼠标时"和"设置自动换片时间"两种切换方式,如图4-3-20所示。

图4-3-20 添加切换方式

在"转换"选项卡"计时"组中"换片方式"区域可以设置幻灯片的切换方式。勾选"单击鼠标时"复选框,即可设置在每张幻灯片中单击鼠标时切换至下一张幻灯片。也可以勾选"设置自动换片时间"复选框,在"设置自动换片时间"文本框中输入自动换片的时间,实现幻灯片的自动切换。

小提示:

"单击鼠标时"复选框和"设置自动换片时间"复选框可以同时勾选,这样切换时既可以单击鼠标切换,也可以在设置自动切换时间后切换。

任务6　创建超链接和使用动作

使用超链接可以从一张幻灯片转至另一张幻灯片，这里介绍使用创建超链接和创建动作的方法为幻灯片添加超链接。在播放演示文稿时，通过超链接可以快速地将幻灯片转至需要的页面。

活动1　创建超链接

超链接可以是同一演示文稿中从一张幻灯片到另一张幻灯片的链接，也可以是从一张幻灯片到不同演示文稿的幻灯片、电子邮箱地址、网页或文件的链接。

1. 打开第 2 张幻灯片

在普通视图中选择要用作超链接的文本，如选中第 2 张幻灯片中的文字"市场分析"。

2. 单击"超链接"按钮

单击"插入"选项卡"链接"组中的"超链接"按钮，如图 4 – 3 – 21 所示。

图 4 – 3 – 21　"超链接"按钮

3. 链接"图书市场"文档

在弹出的"插入超链接"对话框左侧的"链接到"列表框中选择"现有文档和网页"选项，在右侧"查找范围"里的"素材"文件夹中，选中"图书市场"文档。

4. 添加完成

单击"确定"按钮，即可将选中的文档链接到幻灯片中。添加超链接后的文本以不同的颜色、下划线字显示，放映幻灯片时，单击添加过超链接的文本即可链接到相应的文件，如图 4 – 3 – 22 所示。

图 4 – 3 – 22　超链接效果

> **小提示：**
> "插入超链接"中还可以链接到"本文档中的其他位置""新建文档""电子邮箱地址"。

活动2　创建动作

在 PowerPoint 中，可以为幻灯片、幻灯片中的文本或对象创建超链接或创建动作。

1. 为文本或图形添加动作

向幻灯片中的文本或图形添加动作的具体操作方法如下。

（1）选择文本

选择要添加动作的文本，这里选择"销售目标"，单击"插入"选项卡"链接"组中的"动作"按钮 ，在弹出的"操作设置"对话框中选择"单击鼠标"选项卡，在"单击鼠标时的动作"区域中单击选中"超链接到"单选项，在出现的下拉列表中选择"下一张幻灯片"选项，如图4-3-23所示。

图4-3-23　"操作设置"对话框

（2）单击"确定"按钮

单击"确定"按钮，即可完成为文本框添加动作的操作。添加动作后的文本以不同的颜色、下划线字显示。放映幻灯片时，单击添加过动作的文本即可进行相应的动作操作。

2. 创建动作按钮

向幻灯片中的文本或图形添加动作按钮的操作方法如下。

（1）插入图标

单击"插入"选项卡"插图"组中的"形状"按钮 ，在出现的下拉列表中选择"动作按钮"区域的"动作按钮：后退或前进一项"图标，如图4-3-24所示。

（2）完成动作按钮的设置

在幻灯片适当位置单击并拖动左键绘制图形，释放左键后弹出"操作设置"对话框，选择"单击鼠标"选项卡，选中"超链接到"单选项，并在其下拉列表中选择"上一张幻灯片"选项，单击"确定"按钮，即可完成动作按钮的创建，如图4-3-25所示。

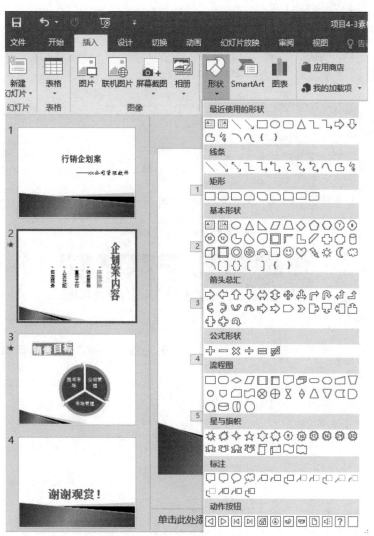

图 4 – 3 – 24　插入图标

图 4 – 3 – 25　完成动作按钮的创建

【项目拓展】

如何在 PowerPoint 2016 中轻松实现电影字幕的动画？

①删除原有的动画效果，如图 4 – 3 – 26 所示。

图 4 – 3 – 26　删除原有动画效果

②在"动画"下拉列表中选择"更多退出效果"选项，如图 4 – 3 – 27 所示。

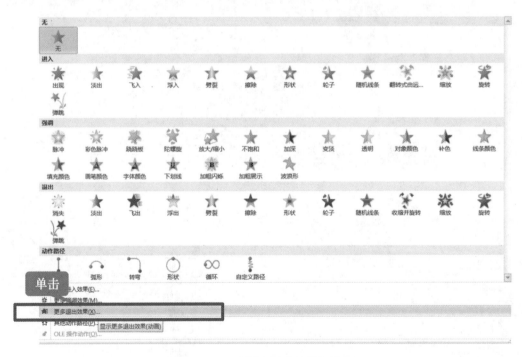

图 4 – 3 – 27　"更多退出效果"选项

③弹出"更改退出效果"对话框，如图 4 – 3 – 28 所示。

④在"更改退出效果"对话框中选择"华丽型"区域中的"字幕式"，单击"确定"按钮，即可为文本对象添加字幕式动画效果，如图 4 – 3 – 29 所示。

图 4 - 3 - 28 "更改退出效果" 对话框

图 4 - 3 - 29 设置 "字幕式" 效果

练一练

1. 在幻灯片中为文本设置超链接后，文本的颜色会发生变化，而且设置超链接的文本会增加一条下划线，这样有时会影响幻灯片的美观和演示文稿的整体效果，如何才能使设置的超链接文本颜色不变，并且不带下划线呢？

2. 有时为了使添加的动画效果更自然、生动，需要添加多个动画效果进行组合，在 PowerPoint 2016 中能不能为一个对象添加多个动画效果呢？

项目四

放映员工培训PPT

【项目介绍】

我们制作的 PPT 主要是用来给观众进行演示的，制作好的幻灯片通过检查之后就可以直接播放了。选择合适的幻灯片播放方式，灵活地运用播放幻灯片的技巧，可以为 PPT 报告的演示过程增添色彩。这就是学习本项目的目的。

【学习目标】

1. 掌握 PPT 演示操作的方法。
2. 掌握 PPT 自动演示的方法。

【素质目标】

放映员工培训 PPT

1. 具备计算机专业的基本职业道德，虚心学习，勤奋工作。
2. 通过掌握 PPT 制作中的艺术，体验 PPT 制作中的奥秘，形成认真学习的意识。
3. 熟悉 PPT 的演示操作，养成良好的习惯，能及时、高效地处理 PPT 的设计任务。

任务1 演示方式

在 PowerPoint 2016 中，演示文稿的放映类型包括演讲者放映、观众自行浏览和在展台浏览三种。具体演示方式的设置可以通过单击"幻灯片放映"选项卡"设置"组中的"设置幻灯片放映"按钮，然后在弹出的"设置放映方式"对话框中进行放映类型、放映选项及换片方式等设置。

活动1 演讲者放映

演示文稿放映方式中，演讲者放映方式是指由演讲者一边讲解一边放映幻灯片。此演示方式一般用于比较正式的场合，如专题讲座、学术报告等。将演示文稿的放映方式设置为演讲者放映的具体操作方法如下。

1. 打开素材

打开素材文件"员工培训方案04.pptx"，单击"幻灯片放映"选项卡"设置"组中的"设置幻灯片放映"按钮，如图 4-4-1 所示。

图 4 - 4 - 1 "设置幻灯片放映"按钮

2. "设置放映方式"对话框

弹出"设置放映方式"对话框，在"放映类型"区域中，单击选中"演讲者放映（全屏幕）"单选项，即可将放映方式设置为演讲者放映方式，如图 4 - 4 - 2 所示。

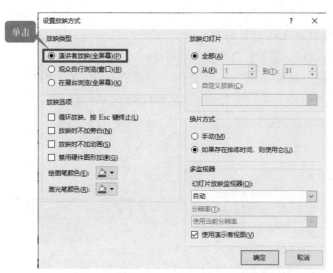

图 4 - 4 - 2 "设置放映方式"对话框

3. 设置放映方式和换片方式

在"设置放映方式"对话框的"放映选项"区域勾选"循环放映，按 Esc 键终止"复选框，在"换片方式"区域中勾选"手动"复选框，设置演示过程中换片方式为手动，如图 4 - 4 - 3 所示。

图 4 - 4 - 3 设置放映方式和换片方式

4. 全屏幕演示

单击"确定"按钮完成设置,按"F5"键即可进行全屏幕的 PPT 演示。

> **小提示:**
>
> 　　1. 勾选"循环放映,按 Esc 键终止"复选框,可以设置在最后一张幻灯片放映结束后,自动返回第一张幻灯片继续放映,直到按"Esc"键结束放映。勾选"放映时不加旁白"复选框表示在放映时不播放在幻灯片中添加的声音,勾选"放映时不加动画"复选框表示在放映时原来设定的动画效果将被屏蔽。
>
> 　　2. 在"换片方式"区域选中"如果存在排练时间,则使用它"单选项,这样多媒体报告在放映时便能自动换页;如果选中"手动"单选项,则在放映多媒体报告时,必须单击鼠标才能切换幻灯片。

活动 2　观众自行浏览

观众自行浏览由观众自己动手使用计算机观看幻灯片。如果希望让观众自己浏览多媒体报告,可以将多媒体报告的放映方式设置成观众自行浏览。下面介绍观众自行浏览"员工培训"幻灯片的具体操作步骤。

1. 设置放映类型为观众自行浏览

单击"幻灯片放映"选项卡"设置"组中的"设置幻灯片放映"按钮,弹出"设置放映方式"对话框。在"放映类型"区域选中"观众自行浏览(窗口)"单选项;在"放映幻灯片"区域单击选中"从…到…"单选项,并在第 2 个文本框中输入"4",设置从第 1 页到第 4 页的幻灯片放映方式为观众自行浏览,如图 4-4-4 所示。

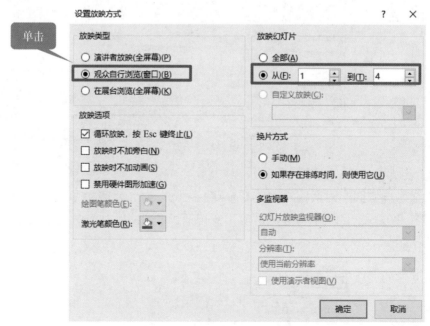

图 4-4-4　"设置放映方式"对话框

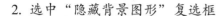

2. 选中"隐藏背景图形"复选框

单击"确定"按钮完成设置，按"F5"键进行演示文稿的演示。可以看到设置后前 4 页幻灯片以窗口的形式出现，并在最下方显示状态栏。

小提示：

　　单击状态栏中的"下一张"按钮 ➡ 和"上一张"按钮 ⬅ 也可以切换幻灯片；单击状态栏右方的其他视图按钮，可以将演示文稿由演示状态切换到其他视图状态。

活动 3　在展台浏览

"在展台浏览"放映方式可以让多媒体报告自动放映，而不需要演讲者操作。有些场合需要让多媒体报告自动放映，例如放在展览会的产品展示等。

打开演示文稿后，单击"幻灯片放映"选项卡"设置"组中的"设置幻灯片放映"按钮，在弹出的"设置放映方式"对话框的"放映类型"区域选中"在展台浏览（全屏幕）"单选项，即可将演示方式设置为在展台浏览，如图 4 - 4 - 5 所示。

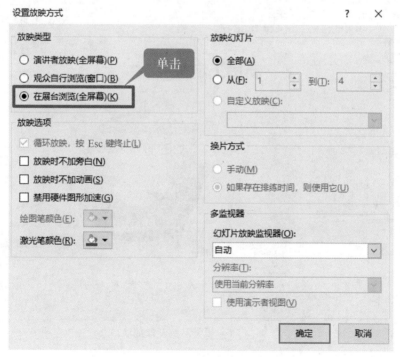

图 4 - 4 - 5　"设置放映方式"对话框

小提示：

　　可以将展台演示文稿设置为当参观者查看完整个演示文稿后或者演示文稿保持闲置状态达到一段时间后，自动返回演示文稿首页，这样就不必时刻守着展台了。

任务2 任务2 开始演示幻灯片

在默认情况下，幻灯片的放映方式为普通手动放映。读者可以根据实际需要，设置幻灯片的放映方式，如自动放映、自定义放映和排列计时放映等。

活动1 从头开始放映

放映幻灯片一般是从头开始放映的，从头开始放映的具体操作步骤如下。

1. 设置从头放映

单击"幻灯片放映"选项卡"开始放映幻灯片"组中的"从头开始"按钮，如图4-4-6所示。

图4-4-6 设置从头开始放映

2. 播放幻灯片

系统从头开始播放幻灯片，单击鼠标，或按"Enter"键或空格键即可切换到下一张幻灯片。

╭◇小提示：◇◇◇◇◇◇◇◇◇◇◇◇◇◇◇◇◇◇◇◇◇◇◇◇◇◇◇◇◇◇◇◇◇

按键盘上的上、下、左、右方向键也可以向上或向下切换幻灯片。

活动2 从当前幻灯片开始放映

在放映"员工培训"幻灯片时，可以从选定的当前幻灯片开始放映，具体操作步骤如下。

选择开始放映的幻灯片，如选中第3张幻灯片，单击"幻灯片放映"选项卡"开始放映幻灯片"组中的"从当前幻灯片开始"按钮，如图4-4-7所示，系统即可从当前幻灯片开始播放幻灯片，按"Enter"键或空格键即可切换到下一张幻灯片。

图4-4-7 "从当前幻灯片开始"按钮

活动3 自定义多种放映方式

利用 PowerPoint 的"自定义幻灯片放映"功能，可以为幻灯片设置多种自定义放映方式。设置"员工培训方案04. pptx"演示文稿自动放映的具体操作步骤如下。

1. 选择"自定义放映"菜单

单击"幻灯片放映"选项卡"开始放映幻灯片"组中的"自定义幻灯片放映"按钮，在弹出的下拉菜单中选择"自定义放映"菜单命令。

2. 弹出"定义自定义放映"对话框

弹出"自定义放映"对话框，单击"新建"按钮，弹出"定义自定义放映"对话框，如图4-4-8所示。

3. 自定义放映的幻灯片

在"在演示文稿中的幻灯片"列表框中选择需要放映的幻灯片，然后单击"添加"按钮，即可将选中的幻灯片添加到"在自定义放映中的幻灯片"列表框中。单击"确定"按钮，返回"自定义放映"对话框，如图4-4-9所示。

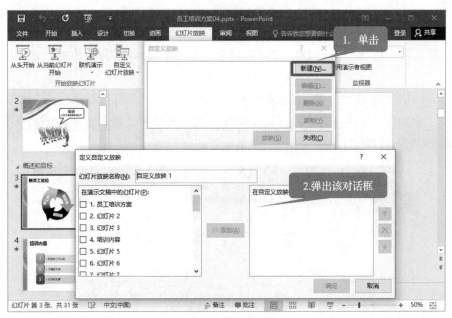

图 4 - 4 - 8 "定义自定义放映"对话框

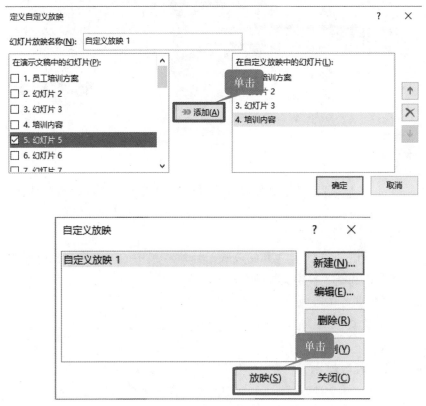

图 4 - 4 - 9 "自定义放映"对话框

4. 查看自动放映效果

单击"放映"按钮，可以查看自动放映效果。

活动 4　放映时隐藏指定幻灯片

在演示文稿中可以将一张或多张幻灯片隐藏，这样在全屏放映幻灯片时，就可以不显示此幻灯片。

1. 单击"隐藏幻灯片"按钮

选中第 7 张幻灯片，单击"幻灯片放映"选项卡"设置"组中的"隐藏幻灯片"按钮，如图 4 - 4 - 10 所示。

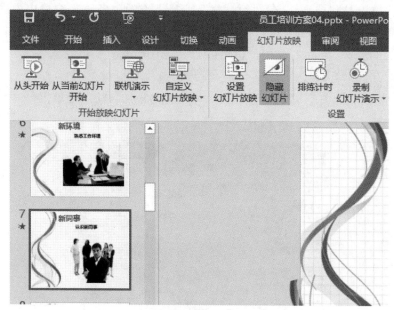

图 4 - 4 - 10　"隐藏幻灯片"按钮

2. 插入图片

在"幻灯片/大纲"窗格中"幻灯片"选项卡下的缩略图中看到第 7 张幻灯片编号显示为隐藏状态，这样在放映幻灯片的时候，第 7 张幻灯片就会被隐藏起来，如图 4 - 4 - 11 所示。

图 4 - 4 - 11　插入图片隐藏状态

任务3　添加演讲者备注

使用演讲者备注可以详尽阐述幻灯片中的要点，好的备注既可以帮助演示者引领观众的思绪，又可以防止幻灯片上的文本泛滥。

活动1　添加备注

创作幻灯片的内容时，可以在"幻灯片"窗格下方的"备注"窗格中添加备注，以便详尽阐述幻灯片的内容。演讲者可以将这些备注打印出来，以供在演示过程中作为参考。下面介绍在"员工培训"演示文稿中添加备注的具体操作步骤。

1. 为幻灯片添加备注

选中第2张幻灯片，在"备注"窗格中"单击此处添加备注"处单击，输入如图4－4－12所示的备注内容。

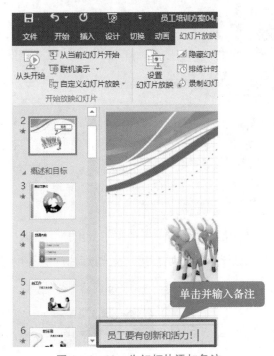

图4－4－12　为幻灯片添加备注

2. 播放幻灯片

将鼠标指针指向"备注"窗格的上边框，当指针变为箭头形状后，向上拖动边框以增大备注空间。

活动2　使用演示者视图

为演示文稿添加备注后，为观众放映幻灯片时，演示者可以使用演示者视图在另一台监视器上查看备注内容。在放映演示者视图时，演示者可以通过预览文本浏览到下一次单击后显示在屏幕上的内容，并可以将演讲者备注内容以清晰的大字显示，以便演示者查看。

───◇小提示：◇───────────────────────────────

　　使用演示者视图，必须保证进行演示的计算机上能够支持两台以上的监视器，并且 PowerPoint 对于演示文稿最多支持使用两台监视器。

──

勾选"幻灯片放映"选项卡"监视器"组中的"使用演示者视图"复选框，即可使用演示者视图放映幻灯片，如图 4 – 4 – 13 所示。

图 4 – 4 – 13　使用演示者视图

任务 4　让 PPT 自动演示

在公众场合进行 PPT 的演示之前，需要掌握好 PPT 演示的时间，以便达到整个展示和演讲预期的效果。

活动 1　排练计时

作为演示文稿的制作者，在公众场合演示时，需要掌握好演示的时间，为此，需要测定幻灯片放映时的停留时间，对"员工培训"演示文稿排练时的操作步骤如下。

1. 单击"排练计时"按钮

打开素材后，单击"幻灯片放映"选项卡"设置"组中的"排练计时"按钮，如图 4 – 4 – 14 所示。

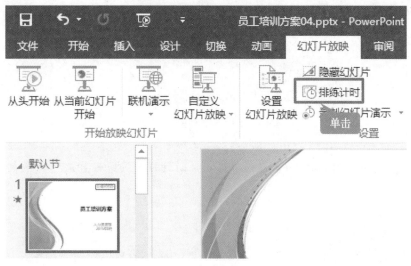

图 4 – 4 – 14　"排练计时"按钮

2. 系统自动切换到放映模式

系统会自动切换到放映模式并弹出"录制"对话框，在"录制"对话框上会自动计算出当前幻灯片的排练时间，时间的单位为秒，如图 4 – 4 – 15 所示。

图 4 – 4 – 15 幻灯片效果

> **小提示：**
>
> 如果对演示文稿的每一张幻灯片都需要"排练计时"，则可以定位于演示文稿的第 1 张幻灯片中。

3. "录制"对话框

在"录制"对话框中可以看到排练时间，如图 4 – 4 – 16 所示。

图 4 – 4 – 16 "录制"对话框

4. 排练计时

排练完成后，系统会显示一个警告的消息框，显示当前幻灯片放映的总时间，单击"是"按钮，完成幻灯片的排练计时，如图 4 – 4 – 17 所示。

图 4 – 4 – 17 排练计时完成

> **小提示：**
>
> 在放映过程中需要临时查看或跳到某一张幻灯片时，通常可通过"录制"对话框中的按钮来实现。

- "下一项"：切换到下一张幻灯片。
- "暂停"：暂停计时后，再次单击则会恢复计时。
- "重复"：重复排练当前幻灯片。

活动 2　录制幻灯片演示

录制幻灯片演示是 PowerPoint 2016 新增的一项功能，此功能可以记录幻灯片的放映时间，同时允许用户使用鼠标和激光笔为幻灯片添加注释。也就是制作者对 PowerPoint 2016 一切相关的注释都可以使用录制幻灯片演示功能记录下来，从而大大提高幻灯片的互动性。

1. 选择开始放映的幻灯片

单击"幻灯片放映"选项卡"设置"组中的"录制幻灯片演示"下拉按钮，在弹出的下拉列表中选择"从头开始录制"或"从当前幻灯片开始录制"选项。本例中选择"从头开始录制"选项，如图 4 – 4 – 18 所示。

图 4 – 4 – 18　"从头开始录制"幻灯片

2. 开始录制

弹出"录制幻灯片演示"对话框，该对话框中默认勾选"幻灯片和动画计时"复选框和"旁白、墨迹和激光笔"复选框，可以根据需要选择选项，然后单击"开始录制"按钮，幻灯片开始放映并自动开始计时，如图 4 – 4 – 19 所示。

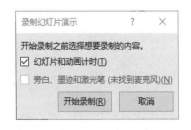

图 4 – 4 – 19　"录制幻灯片演示"对话框

3. 弹出 "Microsoft PowerPoint" 对话框

幻灯片放映结束时，录制幻灯片演示也随之结束，并弹出 "Microsoft PowerPoint" 对话框，如图 4 - 4 - 20 所示。

图 4 - 4 - 20 "Microsoft PowerPoint" 对话框

4. 显示每张幻灯片的演示计时时间

单击 "是" 按钮，返回演示文稿窗口且自动切换到幻灯片浏览视图。在该窗口中显示了每张幻灯片的演示计时时间，如图 4 - 4 - 21 所示。

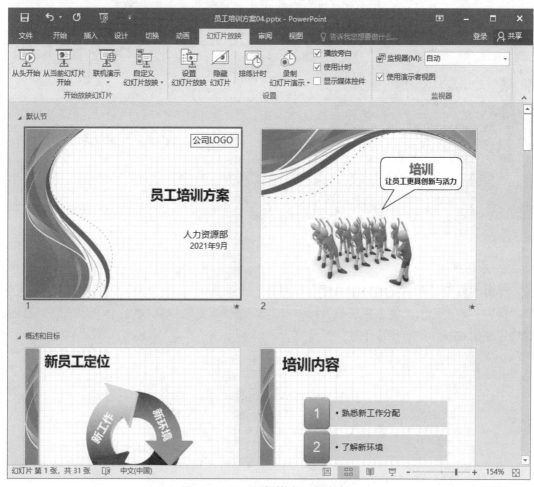

图 4 - 4 - 21 幻灯片演示计时时间

小提示：

在"Microsoft PowerPoint"对话框中显示了放映该演示文稿所用的时间，若保留排练时间，可以单击"是"按钮；若不保留排练时间，可单击"否"按钮。

【项目拓展】

如何取消以黑幻灯片结束？

单击"文件"选项卡，从弹出的菜单中选择"选项"选项，弹出"PowerPoint 选项"对话框，选择左侧"高级"选项卡，在右侧的"幻灯片放映"区域取消勾选"以黑幻灯片结束"复选框，单击"确定"按钮即可取消。

练一练

1. 有时为了使整个演示文稿统一，在为幻灯片添加切换动画效果时，也会将每张动画片的切换效果设置为相同效果。如果演示文稿中包含的幻灯片较多，一张张地为幻灯片添加切换动画效果比较麻烦，也耽误时间，那么如何才能快速地为每张幻灯片添加相同的切换效果呢？

2. 公司制作的演示文稿，有时需要做成视频发送给客户或传到网上，在 PowerPoint 2016 中能不能把演示文稿创建成视频呢？

本篇练习

1. 制作拓展培训

【习题背景】

最近几个月，公司销售人员的销售业绩下降非常严重，公司为了提高销售业绩，决定对销售人员进行一次拓展训练，公司让销售部经理小张将这次培训内容制作成演示文稿，要求制作的演示文稿要体现出培训的重点。

【习题目标】

本题素材和效果在"📷 \本篇练习\第 1 题"中。本习题的培训重点是如何快速接手拓展工作，所有培训的内容主要包括对拓展工作的指导，快速融入集体、获取分销商信任与合作。

2. 模拟树叶飘落

【习题背景】

很多用户都会选用专业软件 Flash 制作动画，不会选择 PowerPoint 制作，认为 PowerPoint 制作的动画不够自然，但其实无论选择什么软件制作动画，要想使制作的动画自然、连贯，都需要对动画进行组合应用和顺序调整。PowerPoint 同样可以制作出与 Flash 相媲美的动画效果。

【习题目标】

本题素材和效果在"📷 \本篇练习\第 2 题"中。在制作课件、卡片、庆典等活动片头时，往往需根据要表现的内容制作一些动画特效，如树叶飘落、气球升空、下雪等，这些动画主要运用自定义路径动画来制作，制作时还需要进行动画的组合。

3. 制作交通安全课件

【习题背景】

随着社会的发展，车辆增多，交通事故频发，交通安全则成了老生常谈的问题，教师也会经常给学生讲解交通安全方面的知识，不断告诫学生自觉遵守交通规则，珍爱生命。

【习题目标】

本题素材和效果在"\本篇练习\第 3 题"中。本题是制作一个关于中小学生交通安全的宣传课件。制作本题的目的主要是向学生宣传交通安全，遵守交通规则，所以本题采用卡通图片，以利于中小学生阅读。

4. 制作品牌行销策划提案

【习题背景】

品牌行销策划提案是针对某个品牌的营销进行的，其目的是推广产品，让更多的客户和消费者认识和购买该品牌的产品。

【习题目标】

本题素材和效果在"\本篇练习\第 4 题"中。本题制作的演示文稿中的字体和背景颜色对比明显，给人醒目的感觉，文字内容安排适当，整个演示文稿风格统一。